上海市工程建设规范

城市工程测量标准

Standard for urban engineering survey

DG/TJ 08－2312－2019

J 15141－2020

主编单位：上海勘察设计研究院（集团）有限公司

上海市测绘院

上海市城市建设设计研究总院（集团）有限公司

批准部门：上海市住房和城乡建设管理委员会

施行日期：2020 年 6 月 1 日

同济大学出版社

2020　上海

图书在版编目(CIP)数据

城市工程测量标准/上海勘察设计研究院(集团)有限公司,上海市测绘院,上海市城市建设设计研究总院(集团)有限公司主编. --上海:同济大学出版社,2020.6

ISBN 978-7-5608-8969-6

Ⅰ.①城… Ⅱ.①上… ②上… ③上… Ⅲ.①市政工程—工程测量—测绘标准 Ⅳ.①TU198

中国版本图书馆 CIP 数据核字(2020)第 050231 号

城市工程测量标准

上海勘察设计研究院(集团)有限公司
上海市测绘院　　主编
上海市城市建设设计研究总院(集团)有限公司

策划编辑　张平官
责任编辑　朱　勇
责任校对　徐春莲
封面设计　陈益平

出版发行　同济大学出版社　www.tongjipress.com.cn
(地址:上海市四平路 1239 号　邮编:200092　电话:021—65985622)

经　销　全国各地新华书店
印　刷　浦江求真印务有限公司
开　本　889mm×1194mm　1/32
印　张　7.875
字　数　212000
版　次　2020 年 6 月第 1 版　2020 年 6 月第 1 次印刷
书　号　ISBN 978-7-5608-8969-6
定　价　68.00 元

上海市住房和城乡建设管理委员会文件

沪建标定〔2020〕63 号

上海市住房和城乡建设管理委员会
关于批准《城市工程测量标准》
为上海市工程建设规范的通知

各有关单位：

由上海勘察设计研究院(集团)有限公司、上海市测绘院和上海市城市建设设计研究总院(集团)有限公司主编的《城市工程测量标准》，经我委审核，现批准为上海市工程建设规范，统一编号为 DG/TJ 08－2312－2019，自 2020 年 6 月 1 日起实施。

本规范由上海市住房和城乡建设管理委员会负责管理，上海勘察设计研究院(集团)有限公司负责解释。

特此通知。

上海市住房和城乡建设管理委员会

二〇二〇年一月二十三日

前 言

根据上海市住房和城乡建设管理委员会《关于印发〈2016 年上海市工程建设规范编制计划〉的通知》（沪建管〔2015〕871 号）要求，上海勘察设计研究院（集团）有限公司等 11 家单位联合组成了《城市工程测量标准》（以下简称“本标准”）编制组。本标准编制过程中，编制组在认真总结实践经验的基础上，通过调查研究、深入讨论、广泛征求有关单位和专家的意见，并通过有关专家审查后定稿。

近年，基于脆弱的软土地基条件，上海及周边地区开展了大规模的城市建设活动。轨道交通、大型桥梁、交通枢纽、超高层建筑、大跨度结构等建（构）筑物建设和运营过程中的控制测量、现状测绘、定线与订界测量、施工测量、建筑工程“多测合一”、变形监测等工程测量技术和成果管理经验，能为同类工程建设提供借鉴。本标准的编制完成，对统一城市建设工程的工程测量技术要求，加强作业管理，保证成果质量，具有重要意义。

本标准分 10 章和 2 个附录，主要内容包括：总则、术语与符号、基本规定、控制测量、现状测绘、定线与订界测量、施工测量、建筑工程“多测合一”、变形监测、成果管理。

在本标准实施过程中，各单位及相关人员如有意见和建议，请反馈至上海勘察设计研究院（集团）有限公司（地址：上海市水丰路 38 号；邮编：200093；E-mail：sgidi@sgidi.com），或上海市建筑建材业市场管理总站（地址：上海市小木桥路 683 号；邮编：200032；E-mail：bzglk@zjw.sh.gov.cn），以供修订时参考。

主 编 单 位:上海勘察设计研究院(集团)有限公司
上海市测绘院
上海市城市建设设计研究总院(集团)有限公司

参 编 单 位:上海市地矿工程勘察院
上海市政工程设计研究总院(集团)有限公司
中船勘察设计研究院有限公司
同济大学
同济大学建筑设计研究院(集团)有限公司
上海勘测设计研究院有限公司
华东建筑设计研究院有限公司
上海金艺检测技术有限公司

主 要 起 草 人:褚平进 余美义 丁 美 郭春生 季善标
罗永权 孙仕林 潘国荣 吴 限 张勇勇
林 炜 张拥军 傅雨善 程胜一 郭容寰
徐永红 杨欢庆 袁 钊 陈功亮 邬逢时
刘 丹

主 要 审 查 人:程效军 左 志 傅晓明 张晓沪 李家平
魏 刚 牟建华

上海市建筑建材业市场管理总站

2019 年 11 月

目　次

Contents

1 总 则

1.0.1 为了规范城市工程测量工作，统一测量技术要求，遵循成果可靠、安全适用、经济合理、技术先进的原则，制定本标准。

1.0.2 本标准适用于上海地区城市工程建设的规划、设计、施工和运维各阶段的控制测量、现状测绘、定线与订界测量、施工测量、建筑工程“多测合一”、变形监测等城市工程测量工作。

1.0.3 城市工程测量应采用中误差作为衡量精度的指标，并以2倍中误差作为极限误差。

1.0.4 城市工程测量鼓励采用新技术、新方法、新装备，但应通过试验验证或专家论证。

1.0.5 城市工程测量除应符合本标准的规定外，尚应符合国家、行业和本市现行相关标准的规定。

2 术语与符号

2.1 术 语

2.1.1 城市工程测量 urban engineering survey

服务于城市工程建设的规划、设计、施工和运维各阶段的测量工作。

2.1.2 RTK水位测量 RTK water level survey

利用载波相位实时动态差分测量技术获得实时水位高程的测量方法。

2.1.3 RTK三维水深测量 RTK 3D bathymetric survey

采用RTK三维定位技术实时获得测点平面坐标及RTK水位模式下的水深测量。

2.1.4 轴线竖向投测 vertical transfor datum lines

将建(构)筑物轴线(基准线)沿铅垂方向向上或向下引测至待测部位的测量工作。

注:轴线竖向投测是保证超高层和高耸建(构)筑物垂直度的重要测量工作。

2.1.5 标高竖向传递 vertical transfor of elevation

将建(构)筑物高程基准向上或向下引测至待测部位的测量工作。

2.1.6 施工控制网 construction control network

为控制工程建设的平面位置和高程而布设的测量控制网。

注:施工控制网是施工放样的依据,也可服务于竣工测量、建(构)筑物变形监测及改建、扩建施工测量。

2.1.7 城市管理部件 city management component

城市市政管理公共区域内的各项市政工程设施和市政公用设施，包括公用设施类、道路交通类、市容环境类、园林绿化类、房屋土地类等。

2.1.8 视准线法 collimation line method

以两固定点之间的连线作为基准线，测量变形观测点与基准线间垂距的变化，确定变形观测点在垂直于基准线方向上的位移值的监测方法。

2.1.9 倾斜观测 declivity observation

建(构)筑物竖向轴线与铅垂线之间的偏离方向、偏离程度的测量。

2.1.10 自动化引导测量 automated guided measurement

盾构法、顶管法隧道施工时，采用自动照准型全站仪、倾角传感器等自动化设备和配套测量标志，结合通信系统和软件，实现在线解算、自动导向测量的作业方法。

2.2 符 号

a——仪器标称精度中的固定误差；

b——仪器标称精度中的比例误差系数；

C——照准差；

D——电磁波测距边长度、RTK 测量时参考站到测量位置的距离；

D_p——水平距离；

d——控制网相邻点间的距离；

DS_{05}，DS_1，DS_3——水准仪的型号，分别为每千米水准测量高差中误差不超过 0.5mm、大于 0.5mm 且不超过 1.0mm、大于 1.0mm 且不超过 3.0mm 的水准仪；

f_β——方位角闭合差；

H_d——等高距；

H——水深、建(构)筑物的高度、桥梁索塔高度；

h——高差；

i——水准仪视准轴与水准管轴的夹角；

k——大气折光系数；

L——水准路线长度、桥的跨径、隧道区间长度；

l——测点至线路中桩的水平距离；

M——测图比例尺分母、中误差；

M_Δ——高差偶然中误差；

M_W——高差全中误差；

m_D——测距中误差；

m_α——方位角中误差；

m_β——测角中误差；

N——闭合环个数；

n——测站数、测段数、边数、基线数、三角形个数；

P——观测量的权；

R——地球平均曲率半径；

S——边长、面积、斜距；

T——边长相对中误差分母；

W——闭合差；

v——棱镜高，观测目标高；

W_x, W_y, W_z——坐标分量闭合差；

δ_h——对向观测的高差较差；

Δ——测段往返高差不符值；

Δ_d——长度较差；

μ——单位权中误差；

ρ——常数，为 206265″；

σ——基线长度中误差。

2.3 代　号

CGCS2000——2000 国家大地坐标系　China Geodetic Coordinate System 2000；

CORS——连续运行参考站　Continuously Operating Reference Stations；

SHCORS——上海连续运行参考站　Shanghai Continuously Operating Reference Stations；

RTK——载波相位动态实时差分　Real Time Kinematic；

PDOP——位置精度因子　Position Dilution of Precision；

DLG——数字线划地图　Digital Line Graphic。

3 基本规定

3.1 坐标系统

3.1.1 城市工程测量的平面坐标系宜采用与国家测绘地理基准CGCS 2000系统相联系的上海平面坐标系统，采用其他坐标系时宜与上海平面坐标系统建立联系。

3.1.2 城市工程测量的高程基准宜采用与国家85高程基准相联系的吴淞高程系。当确有必要采用其他高程基准时，应与吴淞高程系建立联系。高程系统应采用正常高。

3.1.3 同一工程的不同区段、不同时期，应采用统一的平面坐标系统和高程基准。

3.2 测量实施

3.2.1 城市工程测量工作内容应包括资料搜集、现场踏勘、技术设计、仪器校验、外业测量、数据处理、成果编制、技术总结编写、质量检查、成果验收、资料归档等。

3.2.2 测量作业前，应编写项目设计书或技术设计书，并经审核、批准后实施。

3.2.3 测量所用仪器设备和处理软件应符合下列规定：

1 需计量检定、校准的测量仪器设备，应按要求进行检定、校准，并在检定、校准的有效期内使用。

2 测量仪器使用前及使用过程中应定期检查，必要时应校正。

3 测量仪器设备应在其使用说明书给定的作业条件下使

用，使用时应避免受机械振动和光电干扰等影响。当仪器设备发生异常时，应停止使用。

4 处理软件应通过专业测评或试验验证。

3.2.4 测量作业全过程应执行技术设计和技术标准的相关要求，进行全过程质量控制，并应符合下列规定：

1 各项原始观测数据应现场记录，并应及时备份、安全可靠地存储，原始观测数据不得修改。

2 作业中，应及时对观测数据及处理结果进行校核；当超出规范规定的限差时，应立即返工重测。

3 当前一工序成果未达到规定的质量要求时，不得转入下一工序。

3.2.5 测量作业结束后应及时整理资料、编写技术总结。

3.3 成果质量检查

3.3.1 城市工程测量成果质量检查应符合下列规定：

1 过程检查由测量单位作业部门进行，最终检查由测量单位质量管理部门进行。

2 检查、验收依据包括合同和委托书、相关技术标准、经批准的技术设计等。

3 成果应根据质量检查验收结果评定质量等级，质量等级分为优、良、合格和不合格四级。

4 当成果质量出现不合格时，应退回上道工序整改。整改后的成果，应经原检查部门验证确认。

5 检查应保留记录。

3.3.2 测量成果质量检查宜包括下列内容：

1 使用仪器的精度指标、检定或校准记录、现场比对记录。

2 控制点布设情况，选埋资料的完整性。

3 外业观测资料和数据文件及其记录的完整性、准确性，记录项目的齐全性。

4 数据处理过程中的资料和数据文件,观测数据的各项改正的齐全性,计算过程正确性、资料整理的完整性、精度统计和质量评定的合理性。

5 成果资料的正确性和完整性,技术总结内容的完整性、统计数据的准确性、结论的可靠性。

3.3.3 质量检查出现下列情形之一时,成果质量应判定为不合格:

1 所用仪器设备不符合技术标准或技术设计的精度要求、未经检定或校准、未在检定或校准的有效期内使用。

2 平面控制测量的点位中误差、测角中误差或方位角闭合差超限、边长相对中误差或测距中误差超限,高程控制测量的每千米偶然中误差超限、每千米全中误差超限、附合或环线闭合差超限、相对于起算点的最弱点高程中误差超限。

3 观测方法、计算方法、测量成果等严重错误,给成果使用造成严重影响。

4 原始观测数据不真实。

3.3.4 成果质量检查的其他技术要求,应符合现行国家标准《测绘成果质量检查与验收》GB/T 24356 的相关规定。

3.3.5 测量成果资料应及时归档。

4 控制测量

4.1 一般规定

4.1.1 控制测量是现状测绘、定线与订界测量、施工测量、建筑工程“多测合一”、变形监测等城市工程测量工作的起算依据和定位基准。

4.1.2 平面坐标系统应符合投影长度变形的要求。对一般城市工程测量，投影长度变形值不应大于 25mm/km；对城市轨道交通工程，投影长度变形值不应大于 15mm/km；对其他精密工程测量，投影长度变形值应符合项目技术设计的要求。

4.1.3 对已有成果的利用，应符合下列要求：

1 当已有城市基础控制测量成果资料能满足应用需要时，应利用其成果。

2 当利用已有控制点，或在其基础上加密扩展其他控制点时，应对已有控制点的平面坐标、高程进行检核测量。

4.1.4 控制网等级和布设应符合以下规定：

1 控制网的等级应根据项目规模、精度要求合理确定，同一工程中不同阶段、不同部位可选用不同的精度等级，施工测量、变形监测控制网的精度应符合现场使用需求。

2 控制网应具有满足可靠性要求的多余观测，并剔除粗差、削弱偶然误差、降低系统误差的影响。

3 地下控制测量宜采用与地面控制测量统一的平面坐标系统和高程基准，若采用独立坐标系统或高程基准时，应进行联测。

4.1.5 工程特殊部位的精密工程测量，应符合现行国家标准《精密工程测量规范》GB/T 15314 的要求。高精度的工程测量应选择最佳作业环境条件甚至在可控条件下观测作业。

4.1.6 控制测量成果使用前应进行检核，确认其正确、可靠后，方能使用。作业周期较长时，控制测量成果应定期复测，复测应不低于原测精度，宜采用与原测相同的测量方法。

4.1.7 控制测量提交的成果资料宜包括以下内容：

1 技术设计。

2 控制网网图、控制点点之记及必要的控制点埋设资料。

3 测量仪器检验资料。

4 外业观测记录。

5 内业计算资料、数据处理过程中生成的文件、资料和成果表。

6 技术总结或技术报告。

7 质量检查验收报告等。

4.2 平面控制测量

4.2.1 平面控制测量精度等级的划分，依次为二、三、四等及一、二、三级。不同等级平面控制测量的精度，应符合表4.2.1的规定。平面控制测量可根据测量等级和工程实际情况，选用卫星定位测量、边角网测量等方法实施。

表4.2.1 各等级平面控制测量的精度要求

等级	测角中误差(″)	测距中误差(mm)	边长相对中误差	平均边长(km)
二等	≤1.0	≤30	≤1/120 000	10
三等	≤1.8	≤20	≤1/80 000	5
四等	≤2.5	≤18	≤1/40 000	2
一级	≤5.0	≤15	≤1/20 000	1
二级	≤8.0	≤15	≤1/14 000	0.5
三级	≤12.0	≤15	≤1/7 000	0.2

注：1 控制点间的边长可根据实际工程需要进行调整，但观测量的测角中误差、测距中误差、边长相对中误差应符合本表规定。

2 GNSS测量时，约束平差后的最弱边相对中误差应符合本表中边长相对中误差的要求。

4.2.2 平面控制点的选埋应符合以下规定：

1 应选在坚固稳定的地点，且应便于观测和保存。

2 控制点应设置明显的标志。

3 屋顶的固定仪器架应做好接地防雷措施。

（Ⅰ）卫星定位测量

4.2.3 卫星定位平面控制测量可采用静态测量或实时动态(RTK)测量方法施测。卫星定位平面控制网布设时宜利用SHCORS系统资源和服务。

4.2.4 卫星定位测量相邻点间基线长度精度应按下式计算：

$$\sigma=\sqrt{a^2+(bd)^2} \tag{4.2.4}$$

式中：σ——基线长度中误差(mm)；

a——固定误差(mm)；

b——比例误差系数(mm/km)；

d——相邻点间的距离(km)。

4.2.5 卫星定位静态平面控制测量可施测二、三、四等和一、二级平面控制网，各等级控制测量的主要技术要求应符合表4.2.1及表4.2.5的规定。

表4.2.5 卫星定位静态平面控制网测量的主要技术要求

等级	固定误差(mm)	比例误差系数(mm/km)
二等	≤5	≤2
三等	≤5	≤2
四等	≤10	≤5
一级	≤10	≤5
二级	≤10	≤5

注：GNSS网的基线长度中误差、边长相对中误差应符合本表及表4.2.1的规定。

4.2.6 各等级卫星定位静态控制测量的布设、观测、数据处理和成果等其他相关技术要求，应符合现行行业标准《卫星定位城市测量技术标准》CJJ 73的规定。

4.2.7 卫星定位 RTK 平面控制测量可施测一、二、三级平面控制网，各等级控制测量的主要技术要求应符合表 4.2.1 及表4.2.7的规定。

表 4.2.7 卫星定位 RTK 平面控制测量主要技术要求

<table>
<tr><th>等级</th><th>点位中误差(mm)</th><th>测回数</th><th>起算点等级</th><th>流动站到单基站的距离(km)</th></tr>
<tr><td>一级</td><td>50</td><td>≥4</td><td>—</td><td>—</td></tr>
<tr><td>二级</td><td>50</td><td>≥3</td><td>四等及以上</td><td>≤6</td></tr>
<tr><td rowspan="2">三级</td><td rowspan="2">50</td><td rowspan="2">≥3</td><td>四等及以上</td><td>≤6</td></tr>
<tr><td>二级及以上</td><td>≤3</td></tr>
</table>

注：1 一级测量应采用网络 RTK 测量技术，单基站 RTK 不适合。

2 网络 RTK 测量可不受起算点等级、流动站到单基站间距离的限制，但应在 SH-CORS 系统的有效服务范围内。

3 控制点间的边长可根据实际工程需要进行调整，但点位中误差、边长检测限差应符合本表及表 4.2.11 的规定。

4.2.8 RTK 平面控制测量的 1 测回观测，应在接收机初始化并取得固定解后开始观测，自动观测时间不少于 10s、取不少于 3 个观测值的平均值作为该测回观测结果。RTK 多测回观测，测回间应对接收机重新初始化，测回间的时间间隔应大于 60s，测回间的平面坐标分量较差不应大于 20mm，垂直坐标分量较差不应大于 30mm，取各测回结果的平均值作为最终观测成果。

4.2.9 RTK 平面控制测量的仪器选用、作业技术要求、成果等应符合现行行业标准《卫星定位城市测量技术标准》CJJ 73 的规定。

4.2.10 RTK 平面控制测量对所测的成果应有不少于 10%且检查点数不应少于 3 点的重复抽样检查，重复抽样检查应在临近收测时或隔日进行，且应重新进行独立初始化，重复抽样采集与初次采集点位较差应小于 30mm。

4.2.11 RTK 平面控制测量应对测量成果采用常规方法进行边长或角度检核，技术要求应符合表 4.2.11 的规定。

表 4.2.11　RTK 平面控制点检核测量技术要求

等级	边长检核		角度检核(″)	
	测距中误差(mm)	边长较差限差	测角中误差	角度较差限差
一级	≤15	≤1/14000d	≤5	≤14
二级	≤15	≤1/10000d	≤8	≤20
三级	≤15	≤1/5000d	≤12	≤30

注：1　d 为相邻点间距离。

2　对于困难地区的短边，按表中计算的“边长较差限差”小于 20mm 时，限差取 20mm。

4.2.12　卫星定位平面控制测量成果转换成上海平面坐标系统时，应采用合适的坐标转换模型。成果转换应在坐标转换模型覆盖区域内进行。坐标转换模型的建立和使用应符合以下规定：

1　坐标成果转换宜采用空间七参数转换模型，小面积区域可采用平面四参数转换模型。

2　坐标成果转换关系求取点观测等级以及转换后各坐标分量残差应符合表 4.2.12 的规定。

表 4.2.12　坐标转换关系建立的主要技术要求

转换点等级	转换关系求取点观测等级	转换关系求取点观测方式	平面坐标分量残差(mm)	大地高分量残差(mm)
一级	一级及以上	静态	≤10	≤20
二级	二级及以上	静态	≤20	≤40
三级	三级及以上	静态或动态	≤20	≤40

注：当采用空间七参数模型建立平面坐标转换关系时，可不考虑大地高分量残差。

3　转换参数的计算应符合下列要求：

1) 计算转换参数的控制点点位均匀分布于测区范围内及周边。

2) 根据测区具体情况及工程应用需要选取合适的数学模型。

3) 采用平面四参数模型计算转换参数选取的控制点应不

少于3个,采用空间七参数模型计算转换参数选取的控制点应不少于4个。

4)计算转换参数的控制点观测等级、观测方式、转换后各坐标分量残差应符合表4.2.12的规定。

4 低等级控制点计算的转换参数不能用于高等级卫星定位测量成果的转换。

5 坐标成果转换参数计算成果宜包括:技术设计书、控制点成果资料、控制点各坐标分量转换残差数据、转换参数成果表及技术总结。

6 采用已有的转换参数前,应在不少于3个已知点上进行验证,各坐标分量残差应符合表4.2.12的规定。

(Ⅱ)边角网测量

4.2.13 采用边角网测量时,可施测二、三、四等和一、二级平面控制网。边角网建立各等级平面控制网时,主要技术要求应符合表4.2.1及表4.2.13的规定。

表4.2.13 边角网测量的主要技术要求

等级	起始边相对中误差	测回数			角度闭合差(″)
		1″级仪器	2″级仪器	6″级仪器	
二等	≤1/300000	12	—	—	$2.0\sqrt{n}$
三等	≤1/120000	6	9	—	$3.6\sqrt{n}$
四等	≤1/80000	4	6	—	$5\sqrt{n}$
一级	≤1/40000	2	2	4	$10\sqrt{n}$
二级	≤1/20000	1	1	2	$16\sqrt{n}$

注:1 n为构成闭合或附合条件的角度个数。

2 控制点间的边长可根据实际工程需要进行调整,但起始边相对中误差、角度闭合差、边长相对中误差应符合本表及表4.2.1的规定。

4.2.14 边角网的布设、观测和数据处理应符合现行行业标准《城市测量规范》CJJ/T 8中“边角组合网”的相关要求。

4.2.15 采用导线测量时，可施测四等和一、二、三级平面控制网。不同等级的导线测量，主要技术要求应符合表4.2.1、表4.2.13及表4.2.15的规定。

表4.2.15 导线测量主要技术要求

等级	导线长度(km)	导线全长相对闭合差
四等	≤10	≤1/40000
一级	≤4.0	≤1/14000
二级	≤2.4	≤1/10000
三级	≤1.5	≤1/6000

注：1 当导线平均边长较短时，应控制导线边数，不得超过相应等级导线长度和表4.2.1中相应等级平均边长算得的边数。

2 当导线长度小于规定长度的1/3时，导线全长的绝对闭合差不应大于130mm。

3 导线网中，结点之间或与高级点之间的导线长度不应大于相应等级规定长度的0.7倍。

4.2.16 导线的布设、观测和数据处理应符合现行行业标准《城市测量规范》CJJ/T 8中“导线测量”的相关要求。

4.3 高程控制测量

4.3.1 高程控制网精度等级的划分，依次为一、二、三、四、五等。各等级高程控制网的精度应符合表4.3.1的规定。

表4.3.1 高程控制网的精度等级划分

等级	每千米高差偶然中误差(mm)	每千米高差全中误差(mm)
一等	≤0.45	≤1
二等	≤1	≤2
三等	≤3	≤6
四等	≤5	≤10
五等	≤7.5	≤15

注：相对于起算点，各等级网的最弱点高程中误差不应大于20mm。

4.3.2 高程控制点的布设和选埋,应符合以下规定:

1 高程控制点间的距离宜小于 1km,最大不宜超过 3km,一个测区及周围至少应有 3 个高程控制点。

2 应将点位选在质地坚硬、密实、稳固的地方或沉降稳定的建(构)筑物上,且便于寻找、保存和引测。

3 当采用数字水准仪作业时,水准路线还应避开电磁场的干扰。

4 控制点稳定性要求高时,应布设深式水准点或基岩标。深式水准点建造应符合本标准附录 A 的要求。

5 埋设完成后,三等及以上水准点应绘制点之记,必要时还应设置指示桩。

6 水准观测应在标石埋设稳定后进行。

(Ⅰ)水准测量

4.3.3 水准测量的主要技术要求,应符合表 4.3.3 的规定。

表 4.3.3 水准测量的主要技术要求

等级	路线长度(km)	水准仪型号	水准尺	观测次数		往返较差、附合或环线闭合差(mm)	检测已测测段高差之差(mm)
				与已知点联测	附合或环线		
一等	—	DS_{05} 及以上	因瓦	往返各 1 次	往返各 1 次	$1.8\sqrt{L}$	$2.5\sqrt{L}$
二等	—	DS_1 及以上	因瓦	往返各 1 次	往返各 1 次	$4\sqrt{L}$	$6\sqrt{L}$
三等	≤50	DS_1 及以上	因瓦	往返各 1 次	往 1 次	$12\sqrt{L}$	$17\sqrt{L}$
		DS_3	双面		往返各 1 次		
四等	≤16	—	双面	往返各 1 次	往 1 次	$20\sqrt{L}$	$28\sqrt{L}$
五等	≤6	—	单面	往返各 1 次	往 1 次	$30\sqrt{L}$	$42\sqrt{L}$

注:1 L 为水准路线长度(km)。

2 结点之间或结点与高级点之间,其路线的长度不应大于表中规定的 0.7 倍。

4.3.4 水准测量所使用的仪器及水准尺，应符合下列规定：

1 水准仪视准轴与水准管轴的夹角 i，DS_{05} 型不应超过 10″，DS_1 型不应超过 15″，DS_3 型不应超过 20″。

2 补偿式自动安平水准仪的补偿误差 $\Delta\alpha$，对于一、二等水准不应超过 0.2″，三等及以下不应超过 0.5″。

3 水准尺上的米间隔平均长与名义长之差，对于因瓦水准尺，不应超过 0.15mm；对于木质双面水准尺，不应超过 0.5mm。

4.3.5 各等级水准观测的主要技术要求，应符合表 4.3.5 的规定。

表 4.3.5 水准测量的观测要求

等级	水准仪型号	视线长度(m)	前后视较差(m)	前后视累积差(m)	视线离地面最低高度(m)	基、辅分划或黑、红面读数较差(mm)	基、辅分划或黑、红面所测高差较差(mm)
一等	DS_{05}	30	0.5	1.5	0.65	0.3	0.4
二等	DS_1	50	1	3	0.5	0.5	0.7
三等	DS_1	100	3	6	0.3	1.0	1.5
	DS_3	75				2.0	3.0
四等	DS_3	100	5	10	0.2	3.0	5.0
五等	DS_3	100	—	—	—	—	—

注：1 二等水准视线长度小于 20m 时，其视线高度不应低于 0.3m。

2 三、四等水准采用变动仪器高度观测单面水准尺时，所测两次高差较差，应与黑面、红面所测高差之差的要求相同。

3 数字水准仪观测，不受基、辅分划或黑、红面读数较差指标的限制，但测站两次观测的高差较差，应满足表中相应等级基、辅分划或黑、红面所测高差较差的限值。

4 室内作业时可不受视线高度的限制，但不得影响水准尺刻划或条码的识别精度。

4.3.6 水准测量外业观测的其他技术要求，应符合现行国家标准《一、二等水准测量规范》GB/T 12897、《三、四等水准测量规范》

GB/T 12898 相应等级的规定。

4.3.7 水准测量的内业计算，应符合以下规定：

1 除四等及以下的单程水准路线外，应根据测段往返高差不符值、按式(4.3.7-1)计算水准测量每千米高差中数的偶然中误差(M_Δ)。

$$M_0=\pm\sqrt{\frac{1}{4n}\left[\frac{\Delta\Delta}{L}\right]} \tag{4.3.7-1}$$

式中：M_Δ——每千米高差中数偶然中误差(mm)；

L——水准测量的测段长度(km)；

Δ——水准路线测段往返高差不符值(mm)；

n——往返测水准路线的测段数。

2 当水准闭合环和附合路线多于 20 个时，应根据环线或附合路线闭合差、按式(4.3.7-2)计算每千米高差中数的全中误差(M_W)。

$$M_W=\pm\sqrt{\frac{1}{N}\left[\frac{WW}{L}\right]} \tag{4.3.7-2}$$

式中：M_W——每千米高差中数全中误差(mm)；

L——闭合环或附合路线长度(km)；

W——闭合环或附合路线闭合差(mm)；

N——闭合环或附合路线个数。

4.3.8 水准测量的其他技术要求应符合现行国家标准《工程测量规范》GB 50026 的相关规定。

(Ⅱ) 三角高程测量

4.3.9 基于全站仪的三角高程测量，方法的选用应符合以下规定：

1 应布设成三角高程网或高程附合导线，也可与水准测段组合构成闭合或附合路线。

2 二等，适用于单站的高程传递，应采用中间设站法。

3 三等、四等，应采用中间设站法或对向观测法。

4 五等，可采用中间设站法、对向观测法或单向观测法，但单向观测法应变化仪器高观测两次。

5 跨河三角高程测量应符合现行国家标准《国家一、二等水准规范》GB/T 12897 或《国家三、四等水准测量规范》GB/T 12898 的相关要求。

4.3.10 三角高程测量用于二等高程传递时，应符合以下规定：

1 观测时测距边小于 50m、垂直角小于 30°。

2 观测应采用 0.5″级及以上的全站仪观测。观测时变换仪器高进行两次架站观测，第一次采用“前－后－后－前”的观测次序，第 2 次采用“后－前－前－后”的观测次序，两次观测的高差较差应小于 1.0mm。每次架站观测的垂直角测量、距离测量应符合表 4.3.10 的技术要求。

表 4.3.10 三角高程测量应用于二等水准传递的技术要求

垂直角测量				距离测量		
测回数	两次读数差(″)	测回间指标差互差(″)	测回差(″)	测回数	读数差(mm)	测回差(mm)
4	≤±1.0	≤±3.0	≤±2.0	2	≤±2.0	≤±2.0

3 前、后视采用同一型号的一对棱镜，观测时采用固定高度的支架。变换仪器高时，前后视棱镜对调。

4 前后视距应尽量相等，视距差不超过 3m。

4.3.11 三等及以下三角高程测量，应符合以下规定：

1 高程导线的闭合长度不应超过相应等级水准路线的最大长度。

2 边长及限差应符合表 4.3.11-1 的要求。

表 4.3.11-1　三等及以下三角高程测量限差要求

测量等级	边长 (m)	对向观测高差较差 (mm)	附合或环线高差闭合差 (mm)	检测已测测段高差之差 (mm)
三等	≤500	$25\sqrt{D}$	$12\sqrt{\sum D_i}$	$20\sqrt{\sum L_i}$
四等	≤800	$40\sqrt{D}$	$20\sqrt{\sum D_i}$	$30\sqrt{\sum L_i}$
五等	≤1000	$60\sqrt{D}$	$30\sqrt{\sum D_i}$	$40\sqrt{\sum L_i}$

注:1　D 为测距边长，$\sum D_i$、$\sum L_i$ 为测段累计测距边长，以 km 计；i 为测段序号。

2　单向观测法、中间设站观测法应变换仪器高设站 2 次，2 次测量的高差较差应符合对向观测高差较差的要求。

3　观测的技术要求，应符合表 4.3.11-2 的规定。

表 4.3.11-2　三等及以下三角高程测量技术要求

等级	仪器精度等级	垂直角测回数	测距边测回数	指标差较差 (″)	测回间垂直角较差 (″)
三等	1″	4	2	5	5
四等	2″	3	2	7	7
五等	2″	2	2	10	10

4　仪器、反光镜或觇牌的高度应在观测前后各量测 1 次，取位至 1mm，互差小于 3mm 时取其平均值作为最终高度。

5　三角高程测量的视线高度、离开障碍物的距离不得小于 1.2m。

4.3.12　三角高程测量的数据处理，应符合下列规定：

1　单向三角高程的高差，应进行地球曲率和折光差的改正。

2　平差前，三等及以上应计算每千米高差偶然中误差。

3　各等级高程网，应按最小二乘法进行平差，并计算每千米高差全中误差。

4　高程成果的取值，二、三等应精确至 0.1mm，四、五等应精确至 1mm。

（Ⅲ）卫星定位高程控制测量

4.3.13 采用卫星定位测量方法建立四等及以下高程控制网时，应符合现行上海市工程建设规范《卫星定位测量技术规范》DG/TJ 08－2121的相关要求。

5 现状测绘

5.1 一般规定

5.1.1 现状测绘指根据城市或工程项目的规划、建设和管理需求，测量和编绘相应成果。按任务内容分为陆域地形测量、水域地形测量、断面测量、建筑测绘与建模、日照测量、城市管理部件测量、安全保护区测绘等。

5.1.2 现状测绘前，应根据需要进行图根控制测量。对于较小测区，等级控制能够覆盖并符合现状测绘需求时，可不进行图根控制测量。

5.2 图根控制测量

5.2.1 图根控制测量包括图根平面控制测量和图根高程控制测量。图根控制测量宜在各等级城市控制点下加密，相对于邻近等级控制点，图根点平面坐标中误差不应大于±50mm，高程中误差不应大于±50mm。

5.2.2 图根点的密度应根据测图比例尺、测量方法和地形条件而定。采用极坐标或交会等方法时，图根点密度不宜小于表5.2.2的规定。

表5.2.2 图根点密度

测图比例尺	1∶500	1∶1000	1∶2000
图根点密度(点/km^2)	≥64	≥16	≥4

注：1 地形复杂、隐蔽地区及城市建筑区应以符合测图需要为原则，适当加大密度。

2 采用RTK、激光扫描等测量方法进行地形测量时，图根点密度可不受本表限制。

5.2.3 图根平面控制测量可采用图根导线、卫星定位 RTK 测量等方法。

5.2.4 图根导线测量应符合以下规定：

1 图根导线的主要技术要求，应符合表 5.2.4 的规定。

表 5.2.4 图根导线测量技术要求

<table>
<tr><th rowspan="2">比例尺</th><th rowspan="2">附合导线长度(m)</th><th rowspan="2">平均边长(m)</th><th rowspan="2">导线相对闭合差</th><th rowspan="2">测回数</th><th rowspan="2">方位角闭合差(″)</th><th colspan="2">测距</th></tr>
<tr><th>仪器精度</th><th>方法与测回数</th></tr>
<tr><td>1∶500</td><td>900</td><td>80</td><td rowspan="3">≤1/4000</td><td rowspan="3">1</td><td rowspan="3">$\leqslant \pm 40\sqrt{n}$</td><td rowspan="3">不低于(2mm＋$2\times10^{-6}\times D$)</td><td rowspan="3">单程观测，1</td></tr>
<tr><td>1∶1000</td><td>1800</td><td>150</td></tr>
<tr><td>1∶2000</td><td>3000</td><td>250</td></tr>
</table>

注：n 为测站数，D 为距离。

2 导线边数不得超过 12 条。

3 当图根导线布设结点网时，结点与高级点间、结点与结点间的导线长度不得大于附合导线长度的 0.7 倍。

4 在困难地区可布设支导线，支导线总长应小于 450m，边数不超过 4 条。

5.2.5 卫星定位 RTK 图根控制测量，应符合下列规定：

1 RTK 测量可采用单基站 RTK 或网络 RTK。观测条件许可时，宜采用 SHCORS 系统进行网络 RTK 测量；采用单基站 RTK 时，作业半径不宜超过 10km。

2 卫星定位 RTK 图根控制测量的主要技术要求，应符合表 5.2.5-1 的规定。

表 5.2.5-1 RTK 图根平面控制测量的主要技术要求

相邻图根点平均边长	边长相对精度	测回数
80m	≤1/4000	2

注：1 相邻图根点边长可根据实际需要调整。按实际边长和 1/4000 的相对精度计算的限差小于 10mm 时，限差取 10mm。

2 每个图根点应观测 2 测回，外业观测应符合本标准第 4.2.8 条的技术要求。

3 应直接或间接校核图根控制点之间的边长、角度，检测方法和限差应符合表 5.2.5-2 的技术指标。

表 5.2.5-2 图根点检核测量的方法和较差要求

边长检核		角度检核	
测距中误差（mm）	边长较差的相对中误差（mm）	测角中误差（″）	水平角较差的限差（″）
20	1/2500	20	60

注：相邻控制点边长小于 40m 时，检测限差按本条第 2 款要求实施。

5.2.6 图根高程控制测量可采用图根水准、三角高程、卫星定位 RTK 测量等方法。

5.2.7 图根水准测量应符合以下规定：

1 图根水准测量的主要技术要求，应符合表 5.2.7 的规定。

表 5.2.7 图根水准测量的主要技术要求

路线长度（km）	水准仪	视线长度（m）	观测次数		闭合差或往返较差	
			支线	附合或闭合路线	按距离（mm）	按测站（mm）
≤6	DS_3	≤100	往返	单程	$\leqslant\pm40\sqrt{L}$	$\leqslant\pm12\sqrt{n}$

注：1 L 为水准路线总长（以 km 计），n 为测站数。
2 组成结点网时，结点间路线长度不得大于 4km。
3 当水准路线布设成支线时，路线长度不应大于 2km，且必须往返观测。

2 图根水准可沿图根导线点布设为附合路线、闭合环或结点网。对于起闭于一个起算水准点的闭合环，应先行检测起算点高程的正确性。

3 图根水准同级附合不得超过 2 次。

4 图根水准的留点应使用路线上的转点，不能采用中间点。

5.2.8 图根三角高程测量应符合以下规定：

1 图根三角高程测量的主要技术要求，应符合表 5.2.8 的规定。

表 5.2.8 图根三角高程测量的主要技术要求

路线长度	垂直角观测			距离观测测回数	对向观测高差互差（mm）	三角高程路线闭合差（mm）
	测回数	指标差互差（″）	垂直角互差（″）			
边数≤25 且 L≤5km	对向观测 1 测回	25	25	对向观测 1 测回	$\pm 80\sqrt{S}$	$\pm 40\sqrt{L}$

注：S 为测距边长度，L 为附合或闭合路线长度，均以 km 计。

2 图根三角高程测量应采用标称精度不低于测角 2″、测距（$2\text{mm}+2\times10^{-6}\times D$）的仪器，应在观测前后丈量仪器高和棱镜高，2 次丈量的较差应小于 3mm 时取中数，否则应重新量取。

3 当边长大于 400m 时，应考虑地球曲率和折光差的影响，计算三角高程时，角度应取位至 0.1″，高差应取位至 mm。

5.2.9 卫星定位 RTK 图根高程控制测量应符合以下规定：

1 高程转换可采用似大地水准面法或高程拟合方法。

2 采用似大地水准面法时，利用 GNSS 技术获得待测点大地坐标，根据城市区域似大地水准面模型内插计算出待测点的正常高。

3 采用高程拟合法时，拟合点等级不低于四等，点位均匀分布于测区，数量不少于 5 点，求解拟合参数时与已知高程差值不大于 50mm。

5.2.10 图根控制测量的其他技术要求，应符合现行行业标准《城市测量规范》CJJ/T 8 的相关规定。

5.3 陆域地形测量

（Ⅰ）一般要求

5.3.1 地形测量的比例尺主要采用 1∶500、1∶1000 及 1∶2000 等比例尺。根据工程的设计阶段、规模大小和运营管理需要，可按表5.3.1选用。

表5.3.1　地形图比例尺

比例尺	用途
1∶2000	可行性研究、初步设计等
1∶1000	初步设计、施工图设计、城市总图管理、竣工验收等
1∶500	

注：局部施测大于1∶500比例尺的地形图时，除另有要求外，可按1∶500地形图测量的要求执行。

5.3.2　地形图的等高距、采集点的精度、地形点的最大间距及高程注记的取位，应符合以下规定：

1　1∶500、1∶1000地形图采用0.5m等高距，1∶2000地形图采用1m等高距。

2　相对于临近图根点或等级控制点，建(构)筑物细部坐标点点位中误差不大于70mm，施测困难地区不大于100mm；相邻建(构)筑物边长或间距中误差不大于100mm，施测困难地区不得大于150mm。

3　相对于临近图根点或等级控制点，城镇建筑区非建筑地物点的点位中误差不大于图上0.6mm，其他地区地物点的点位中误差不大于图上0.8mm，隐蔽或施测困难时可放宽0.5倍。

4　地面高程注记点的高程中误差在稳固坚实地面不得大于50mm，其他地面不得大于100mm，等高线插求点的高程中误差不大于$d/3$(d为等高距)。

5　地形点的最大点位间距，1∶500、1∶1000地形图不大于图上30mm，1∶2000不大于图上25mm。

6　高程注记取位，0.5m等高距时注记到0.01m，1m等高距时注记到0.1m。

5.3.3　地形测量的内容应包括测量控制点、居民地、垣栅、工矿建(构)筑物及其他设施、交通及附属设施、管线及附属设施、水系及附属设施、境界、地貌和土质、植被等要素，并应着重表示与城市规划、建设有关的各项要素。各要素的测量内容应符合现行上海市工程建设规范《1∶500　1∶1000　1∶2000数字地形测量规范》DG/TJ 08－86的相关规定。

5.3.4 地形测量可采用野外数字测量、航空摄影测量等方法。

（Ⅱ）野外数字测量方法

5.3.5 测前准备宜包括以下内容：

1 抄录平面及高程控制点成果。

2 踏勘了解测区的地形情况、平面和高程控制点的位置及完好情况。

3 编写技术设计书。

4 检查和校正仪器，检查采集软件是否与最新的规定相符。

5 拟定作业计划。

5.3.6 数据采集可采用极坐标法、RTK测量等方法，应符合下列规定：

1 极坐标法测定碎部点应符合下列规定：

1） 每个测站应观测一已知点设站定向，并观测另一已知点检查，检查点坐标重合差应符合表5.3.6的规定。

表5.3.6　坐标重合差

测站点类型	坐标重合差限差（mm）	
	检查点为图根点及等级控制点	检查点为增设的图根支点
测站点为图根点及等级控制点时	40	60
测站点为增设的图根支点时	—	60

注：困难地区、图根点稀少时，可利用其他测站的已采集的明显地物点检查，检查点的坐标分量限差不大于70mm。

2）测定的碎部点应在成果图及用于检查验收的回放图上用符号“+”表示。

3）在测定坐标时，水平角、垂直角施测半测回，距离测定1次，所测距离应换算成水平距离。

4）使用的棱镜标杆应安装经检校合格的水准器。测量房角、电杆等地物时应顾及棱镜的厚度，可采用加减常数或偏心方法进行测定。

5）测距长度不得大于测站定向边长度的1.5倍，施测困难地区不得大于定向边长度的2倍。

6）一个测站数据采集结束时，应进行坐标重合差检查，坐标重合差应符合表5.3.6的规定，检查符合要求后方可迁站。

2 利用RTK直接采集碎部点时，数据采集应符合现行上海市工程建设规范《卫星定位测量技术规范》DG/TJ 08－2121的规定。

3 施测困难的碎部点可采用截距法，量取的长度不得超过固定边长的1/2；也可采用交线法，交线长度不得超过固定边长的1.5倍。

4 电子手簿法作业时，应现场绘制所测碎部点的草图，注记各要素及编码；外业采集数据时若要对已有信息进行修改，只允许修改该点的连线和属性，不得修改该点的坐标值；作业过程中，应及时做好备份。

5 测定地面高程时，应观测已知高程点作检核，高程重合差不得大于50mm。计算高差时应加垂直角指标差改正。

（Ⅲ）航空摄影测量方法

5.3.7 资料准备的内容除符合第5.3.5条的技术要求外，还宜包括以下内容：

1 测区内的航摄像片、影像数据。

2 航摄仪检校文件及相关参数文件。

3 测区内现有的地形图数据。

5.3.8 航空摄影测量的区域网划分、像控点布设和联测、空中三角测量和内业数据采集应符合现行国家标准《1∶500 1∶1000 1∶2000 地形图航空摄影测量外业规范》GB/T 7931、《1∶500 1∶1000 1∶2000 地形图航空摄影测量内业规范》GB/T 7930 的有关规定。

5.3.9 野外调绘应符合下列规定：

1 野外调绘主要进行实地检查、修补测、名称调查注记、屋檐改正等工作。调绘前应搜集和分析有关资料。调绘应判读准确、描绘清楚，要求图式运用恰当，注记准确。

2 调绘应反映现状，航摄后新增的、影像模糊的、被影像或阴影遮盖的地物或无明显影像的独立地物应到实地进行补测。采用数字综合法时，应对航摄后新增的铁路、等级公路、大堤、防洪墙及高压输电线进行修补测，其他地物可不作要求。补测的地物应附有标明与明显影像相关尺寸的实测草图，或按成图比例尺测绘的原图(面积较大时)。航摄后拆除的建(构)筑物，或虽有影像但可不表示的地物应在像片或图上划去，范围较大时应加说明。

3 水涯线的调绘宜以影像为准，池塘、水渠等应依坎边为准。

4 阴影遮盖等内业难以测绘的地物，应在外业量注有关数据，如堤垄、陡坎的比高，道路铺装面和路肩宽，河沟宽度等。2m 以下的比高应在外业量注。屋檐宽度可直接量取或量取房宽进行改正；当屋檐宽度大于图上 0.15mm 时，应注明其宽度。以上数据 1∶500 成图应量注至 50mm，1∶1000 与 1∶2000 成图应量注至 100mm。

5 调绘时应注意图幅之间的接边，接边处房屋轮廓、道路、管线、河流、植被等的性质、等级、宽度和符号，以及各项注记应一致。

6 调绘时还应按照相关要求调查各类地形地物的属性

信息。

7 采用数字综合法时，外业调绘还应对不在投影面上的地形地物进行高差量测。

（Ⅳ）数据处理和资料提交

5.3.10 地形图的分幅和编号宜执行现行上海市工程建设规范《1∶500 1∶1000 1∶2000 数字地形测量规范》DG/TJ 08－86 的有关规定。地形图的图式应符合现行国家标准《国家基本比例尺地图图式 第1部分：1∶500 1∶1000 1∶2000 地形图图式》GB/T 20257.1 及现行上海市工程建设规范《1∶500 1∶1000 1∶2000数字地形测量规范》DG/TJ 08－86 的有关规定。

5.3.11 航空摄影测量的图形编辑应进行下列改正：

1 建（构）筑物应进行房檐等改正。

2 数字综合法中应对不在投影面上的地形地物进行投影差改正。

5.3.12 数据编辑应符合下列要求：

1 数据编辑时，原始的外业测量数据和其他数据不得改动。

2 数据编辑在外业提供的工作草图或数据上进行，存在问题时通过外业检查解决。

3 数据编辑的软件系统经检测鉴定合格后方可使用。

4 各种注记如名称、数字等位置适当、合理。

5 元数据文件内容填写完整，签名齐全。

5.3.13 需进行矢量数据建库时，各要素的数据编辑应符合以下规定：

1 各要素的属性数据内容应符合下列要求：

1）地物要素的属性数据内容填写完整、正确。

2）高程点、等高线赋予正确的高程值。

3）点、线状注记的文本属性信息正确。

2 各要素的几何拓扑关系应符合下列要求：

1）要素的几何类型和空间拓扑关系正确。

2）面状要素要封闭，没有零长度线和悬挂点；一个面要素有且只有一个标识点，标识点落在面内部，不能落在面边界线上或线外；相邻面要素的边线要重合；同类面要素间没有重叠和自相交。

3）线状要素不能自重叠、自相交；构成几何网络的线状要素保证结点的相交性、连通性。

4）数据中没有无意义的细碎多边形或细碎小短线。

3 建（构）筑物数据编辑应符合下列要求：

1）建（构）筑物为面状要素，有且只有一个标识点；建（构）筑物的层数加赋在标识点的楼层属性中，数据要正确。

2）建（构）筑物中的注记不作为面标识点。

4 道路数据编辑应符合下列要求：

1）高速公路的主、辅路分别绘制中线，主路绘制一条，两边辅路按车行方向各绘一条，主辅路间合理连接；其他道路中线只需绘制一条。

2）有路名的中线在同一平面相交处形成绳结点；多条道路相交时，在同一路口且相交处距离很近，只形成一个结点，相交路线尽量保持平滑。

3）立交桥中线代码与所连接的道路中线代码相同；立交桥直行贯通的路中线名称属性加赋所连接道路名称；不同方向但路面相连接，包括中间有隔离墩的立交桥，可绘一条中线，方向不限；其他情况的立交桥，包括相同方向但不在同一平面的，主路和匝道都需要单独绘中线，并准确与桥下道路连接。

4）道路相交处没有悬挂点。

5 水系数据编辑应符合下列要求：

1）河、湖、水库、池塘、沟渠等水系构面，名称加赋在面标识点属性中。

2）水系构面时，有坡线或泊岸的，以第一道坡线或泊岸为边界；无坡线或泊岸但有水涯线的，以水涯线为边界。

3）河流干枯地段上，即使有大片植被或有大车路或土路，也归入水系面中，而不能作为植被或道路构面；但如有房屋时，将房屋构面。

5.3.14 各种名称、说明注记和数字注记应准确注出，并符合以下规定：

1 名称注记应使用简化汉字。

2 各种注记的字义、字体、字级、字向、字序、字位应准确无误，间隔应均匀相等，宜根据所指地物的面积和长度配置。

3 注记以点、线表示。

5.3.15 地形图各类要素编辑的其他技术要求，应符合现行行业标准《城市测量规范》CJJ/T 8 的相关规定。

5.3.16 地形测量应整理和提交下列资料：

1 技术设计。

2 等级控制和图根控制测量资料。

3 各项测量记录、计算手簿。

4 电子手簿法数据采集的外业工作草图、数据文件等资料。

5 电子平板法测图的现场测量数据记录文件、已知控制点文件、极坐标测量数据文件等。

6 航空摄影测量的成果回放图、图形数据文件、元数据文件等。

7 地形图和索引图。

8 检查验收资料。

9 技术总结报告。

5.4 水域地形测量

（Ⅰ）一般要求

5.4.1 水域地形测量比例尺选用，宜符合本标准第5.3.1条的要求。

5.4.2 水域地形测量内容主要包括控制测量、水工建（构）筑物测量、水深测量等。

5.4.3 水域地形测量应利用陆域经检查合格的控制点，并符合以下要求：

1 若控制点密度不能满足工程需要，应按本标准第5.2节的技术要求增补。

2 水深测量应确定深度基准面，并明确其与吴淞高程系之间的转换关系。

5.4.4 水工建（构）筑物的测量，应符合本标准第5.3节"（Ⅱ）野外数字测量方法"的相关技术要求。

5.4.5 水深测量包含测深点定位与测深，可结合水域地形状况、水深、流速等现场情况，根据实际需要从以下方法中选用：

1 测深点定位可采用卫星定位测量法、交会法、极坐标法、断面索法等。

2 可采用单波束或多波束测深仪系统，但现场深度应处于仪器的测深范围；在浅水区宜采用测深锤或测深杆。当采用多波束测深系统时，本标准适用于水深不超过500m的水域。测深作业时，须同步设置水尺进行水位观测。

3 当采用RTK三维水深测量方式时，同步实施测深点定位与测深，无须进行水位观测。

5.4.6 测深点的深度中误差，不应超过表5.4.6的规定。

表 5.4.6 测深点深度中误差

测深仪器或工具	水深范围(m)	流 速(m/s)	测点深度中误差(m)
测深杆	0～4	—	0.10
测深锤	0～10	<1	0.15
测深仪	1～10	—	0.15
测深仪或测深锤	10～20	<0.5	0.20
测深仪	>20	—	$H\times1.5\%$
多波束测深系统	1～500	—	$0.3\sim H\times2\%$

注:1 H 为水深(m)。

2 水底杂草丛生的水域,不适合使用回声测深仪。

3 当精度要求不高、作业特殊困难、用测深锤测深流速大于表中规定或水深大于20m 时,测点深度中误差可放宽 1 倍。

5.4.7 水深测量宜布设测深线,测深线布设应符合下列规定:

1 单波束测深主测深线宜垂直于等深线总方向、挖槽轴线、河道走向、船闸轴线、船坞轴线或岸线,可布设成平行线。单波束测深线间距不应大于图上 20mm,测深点间距不应大于图上 20mm。

2 多波束扫测主测深线方向宜平行于测区较长边、挖槽轴线或河道走向。多波束测深线间距需根据水域地形和水深计算,主测深线间距应能保证有效扫宽重叠,有效扫测应全覆盖测区。

3 采用测深锤、测深杆时,可按照单波束的测深线布设要求。

4 特殊要求时,可根据工程需要适度加密测线和测深点。

5.4.8 在水域环境不明的区域进行水域地形测量时,必须了解测区的礁石、沉船、水流和险滩等水域情况。作业中,如遇有大风、大浪,应停止水上作业。

(Ⅱ)测深点定位

5.4.9 卫星定位 RTK 法进行测深点定位,应符合下列规定:

1 参考站点位的选择和设置,应符合本标准第5.2.5条的规定,作业半径可放宽至20km。

2 流动站接收机天线应牢固地安置在船侧较高处并与金属物体绝缘,天线位置宜与测深仪换能器处于同一铅垂线上。

3 流动站接收机作业的有效卫星数不宜少于5颗,PDOP值应小于6。

4 流动站接收机的测量模式、基准参数、转换参数和数据链的通信频率等,应与参考站相一致,并应采用双差固定解成果。

5 每日水深测量作业前、结束后,应将流动站接收机安置在控制点上进行定位检查,平面坐标较差不应大于50mm。作业中,若发现问题也应及时进行检验和比对。

6 定位数据与测深数据应同步,否则应进行延时改正。

5.4.10 交会法、极坐标法定位,应符合下列规定:

1 测站点的精度,不应低于图根点的精度。

2 作业中和结束前,均应对起始方向进行检查,方向偏差不应超过1′,超限时应予改正。

3 交会法定位的交会角宜控制在30°～150°。

5.4.11 断面索法定位,应符合下列规定:

1 断面索索长的相对误差应小于1/200。

2 开工前,宜采用常规长度测量方式校核索长及间距标识。

(Ⅲ) 传统水深测量

5.4.12 水尺的设置应符合下列规定:

1 水尺的位置,应避开回流、壅水、行船和风浪的影响,尺面应顺流向岸。

2 水尺的密度应据现场比降和潮汐变化情况合理布设,一般地段1.5km～2.0km设置1把水尺;河床复杂、急流滩险河段及海域潮汐变化复杂地段300m～500m设置1把水尺。

3 河流两岸水位差大于0.1m时,应在两岸设置水尺。

4　测区范围不大且水面平静时，可不设置水尺，但应于作业前、后测量水面高程。

5　当测区距离岸边较远且岸边水位观测数据不足以反映测区水位时，应增设水尺。

6　可采用具有自动记录与存储功能的潮（水）位计进行自动量测。

5.4.13　水位观测的技术要求，应符合下列规定：

1　水尺零点高程的联测，不应低于图根水准测量的精度。

2　作业期间，应定期对水尺零点高程进行检查。

3　水深测量时的水位观测，宜提前 10min 开始，推迟 10min 结束；作业中，应按一定的时间间隔持续观测水尺，时间间隔应根据水情、潮汐变化和测图精度要求合理调整，以 10min～30min 为宜；水面波动较大时，宜读取峰、谷的平均值，读数精确至 1cm。

4　当水位的日变化小于 0.2m 时，可于每日作业前后各观测 1 次水位，取其平均值作为水面高程。

5.4.14　采用单波速测深仪测深，应符合下列规定：

1　工作电压与额定电压之差，直流电源不应超过 10%，交流电源不应超过 5%。

2　测深仪换能器可安装在距船头 1/3～1/2 船长处，入水深度以 0.3m～0.8m 为宜，入水深度应精确量至 1cm。

3　定位中心应与测深仪换能器中心设置在一铅垂线上，其偏差不得超过定位精度的 1/3，否则应进行偏心改正。

4　每次测量前后，均应在测区平静水域进行测深比对。水深小于 20m 时，可用声速仪或测深板对测深仪进行校正，直接求取测深仪的总改正数；水深大于 20m 时，按现行行业标准《水运工程测量规范》JTS 131 中第 8.4 节的内容进行改正。

5　测深前应在测区内有代表性的水域用声速仪测定声速。

6　测量过程中船体前后左右摇摆幅度不宜过大。当风浪引起测深仪记录纸上的回声线波形起伏值在内陆水域大于 0.3m 或海域大于 0.5m 时，宜暂停测深作业。

5.4.15 采用多波束测深系统测深，应符合下列规定：

1 姿态仪的安装应能准确反映测船或多波束换能器的位置，其方向线平行于船的首尾线。

2 电罗经应安装在测量船的艏艉线上，读数零点应指向船艏。

3 系统各配套设备的传感器位置与测量船参考坐标系原点的偏移量应精确测量，读数至厘米。

4 开始测量前应进行校准，校准区域的平均水深须大于或等于测区的最大水深，在有条件的情况下，应选择在实施过多波束或大比例单波束加密测量的水域。校准参数应包括时延、横摇倾角、纵摇倾角、艏摇。

5 多波束测深应保证测量时换能器的姿态与校准时的姿态相同。系统中设备安装位置变动或更换设备后应重新进行校准。

6 水深测量前应在不浅于测区水深的平坦水域进行多波束测深正交比对或用单波束进行校核，其比对互差均应符合表 5.4.17的要求。

7 测量作业时应实时监测各个传感器回波信号质量，不符合要求时应停止作业。

(Ⅳ) RTK 三维水深测量

5.4.16 当采用 RTK 三维水深测量时，除符合第 5.4.9 条和第 5.4.14 条的规定外，还应符合下列要求：

1 当测区在控制网覆盖范围之内时，转换参数可利用测区内分布均匀的 4 个及以上控制点求得。

2 黄浦江、苏州河等河道的带状测区，参与转换计算的控制点间距宜小于 5km，并沿两岸交叉分布。

3 宜采用三维姿态传感器对横摇、纵摇、艏摇进行姿态改正。卫星定位天线高应量至换能器底部并精确至 1cm。

4　长江口、杭州湾等沿海地区当控制网不能覆盖测区时，应采用临时水位站的水位对RTK水位进行修正。

5　宜采用对RTK三维水深测量自动化成图和传统水位观测模式下水深测量自动化成图均能兼容的测量软件，并可提取RTK水位。

（Ⅴ）数据检查与资料提交

5.4.17　水深测量数据检查，应符合以下规定：

1　测深过程中或测深结束后，应对测深断面进行检查。测深检查线应垂直主测线布设，单波束测深检查线长度不得少于总测线长度的5%，多波束测深检查线长度不得少于总测线长度的1%。采用其他测深方法，检查点数不少于总点数的5%。

2　当采用多波束测深系统做检查线测量时，应使用其中心区域的波束。使用单波束测深仪做检查线测量时，宜配备姿态传感器。

3　检查断面与测深横断面相交处，图上1mm范围内水深点的深度较差，不应超过表5.4.17的规定。

表5.4.17　深度检查较差的限差

水深(m)	$H \leqslant 20$	$H > 20$
深度检查较差的限差(m)	0.4	$0.02 \times H$

5.4.18　水深数据内业处理时，应剔除数据中的噪点、跳点等伪数据。可导入成图处理系统软件，编辑处理为水域地形图或水深图。

5.4.19　水域地形测量宜整理和提交下列资料：

1　技术设计文件。

2　等级控制和图根控制测量资料。

3　各项测量记录、计算手簿和数据文件。

4　断面或测线位置图、断面测量成果表和图件。

5　索引图、地形图或水深图。

6　技术总结报告。

5.5　断面测量

5.5.1　本节的技术要求适用于路桥隧工程、有轨电车工程、管线工程、城市轨道交通工程、水利水运工程的断面测量，断面测量的工作内容包括纵、横断面和涉水工程的水域断面测量。

5.5.2　断面测量精度应符合表5.5.2的规定。

表5.5.2　断面测量精度要求

路线闭合差(mm)	中桩点测量(mm)		横断面测量(mm)		
	一般路面	硬化路面	横向距离	一般路面	硬化路面
$30\sqrt{L}$	≤±100	≤±50	≤±100	≤±100	≤±50

注：L 为纵横断面测量的水准路线长度(km)。

5.5.3　纵、横断面测量宜在实地测设线路中心线桩位的基础上进行。纵断面沿线路中线逐桩测量，横断面直线段垂直于线路中线，曲线段与线路中线法线一致。

5.5.4　纵、横断面测量应起闭于各等级高程控制点，可采用水准测量法、三角高程测量法或RTK法施测，并应符合以下规定：

1　采用水准测量法时，断面高程测量应布设附合路线。

2　采用三角高程法时，设站点的高程引测宜采用水准测量实施。每测站的数据采集前、迁站前均应在等级控制点上检测，检核高程与理论值较差应小于±30mm。进行硬质路面断面点测量时，不得进行高程支站。

3　采用RTK法时，数据采集前、结束测量前均应在高程控制点上检核，检核高程与理论值较差应小于±30mm。

4　水域断面测量应符合本标准第5.4节的相关要求。

5.5.5 道路工程的纵、横断面测量，应符合以下要求：

1 道路纵断面点位根据道路设计线位确定，应包括：

1） 线路的主点（起点、终点、曲线特征点）。

2） 与横向现状道路、规划道路、铁路的交点。

3） 现状桥梁、箱涵接缝处及最高点。

4） 百米桩、千米桩。

5） 直线桩号间距 20m～25m，曲线段间距一般为 20m，小半径、回头曲线根据工程设计要求加密。

6） 地形变化较大处加密采集，满足纵坡设计文件要求。

2 道路横断面应符合土方量计算的要求，并符合以下要求：

1） 道路横断面宽度应根据道路规划红线确定，不宜小于道路两侧红线外 10m。

2） 穿越河、浜、塘、坑等水系时，应加测水系处横断面，并在河、浜、塘、坑前后位置加测横断面。

3） 横向遇到浜、塘，横断面宽度不能完整穿越时，应加大测量宽度，测至浜、塘最深处或地势变化稳定位置。

4） 设计文件或工程的其他具体要求。

5.5.6 改建道路工程的断面测量除符合第 5.5.5 条规定外，还应符合以下要求：

1 改建道路纵断面通过原有桥梁时，应加测桥中、桥接缝处的桩号和高程。横断面与原有路面相交时，应测量路中、路面边线、路基边线等点位。

2 改建道路纵横断面的测量精度应符合工程设计要求，在原有道路上的断面点位平面位置限差不大于 0.1m、断面点位高程 2 次测量限差不大于 20mm。

3 路面加罩维修项目道路纵横断面测量宜采用水准测量法或全站仪三角高程法。

5.5.7 桥梁的河床断面测量，应符合以下要求：

1 河床断面应平行桥梁中线测量，应沿道路中线、道路两侧红线或绿线位置处测量河床断面。当相邻断面间距大于30m时，应在中线两侧加测河床断面。

2 河床宽度小于20m时，水域部分可采用测绳加测深锤方式在两岸同时作业；河床宽度大于20m时，水域部分可采用RTK加测深仪作业。水深测量精度应符合本标准第5.4节的要求。

3 在河床断面测量作业开始和结束时，应测量水面高程。

4 河床断面测量在两岸陆地部分测量范围宜大于10m。

5.5.8 隧道工程纵断面测量除符合本标准第5.5.5条要求外，还应测量出隧道中心线处的地表现状高程；改建隧道应测量现状隧道内部高程。

5.5.9 有轨电车工程断面测量，应符合以下要求：

1 有轨电车工程断面测量包括道路断面测量和轨道断面测量。

2 对于上下行平行线路，纵断面一般测量右线断面；上下行非平行线路，左、右线均应测设。

3 纵断面通过原有桥梁时，必须加测桥中、桥接缝处的里程和高程；对轨道中线交叉的横向现状道路，应测量其与轨道交叉点的里程和高程。

4 轨道横断面测量宽度一般为左线外侧20m、右线外侧20m。

5 道路纵断面宜分别测量左右两幅纵断面，断面位置测量在道路中线偏置线处；偏置线位置一般设置在道路工程和轨道工程界面交界处，或按照设计方案确定。

5.5.10 原水输送管线、污水排放管线、电力管道、取水头部、污水排放口等管线工程，断面测量应符合以下要求：

1 管线工程可按照本标准第5.5.5条的断面测量要求执行。

2 管线纵断面间距一般为20m，地形变化处需加测纵断面。

3 管线工程可不测横断面，但应在纵断面点位的垂直方向加密标注地形散点标高。但综合管廊工程，宜测量横断面。

5.5.11 城市轨道交通工程的区间隧道、高架及其他地下空间等各类工程的断面测量可按照本节相关内容执行。

5.5.12 防汛墙（驳岸）、河道疏浚以及码头等涉水工程，其水域断面测量应符合以下要求：

1 防汛墙（驳岸）工程断面间距宜为 25m～50m，岸上部分断面测量宽度一般不宜小于 10m，水域部分一般测量至水域最深点，测点间距 2m～3m。

2 河道工程（包含规划河道）断面间距宜为 25m～50m，两侧岸上部分断面的宽度不宜小于 10m。

5.5.13 断面测量应提供电子数据文件或断面图，数据文件格式应符合工程设计要求；河床断面测量完成后，应提交河床断面数据并绘制河床断面图。

5.6 建筑测绘与建模

（Ⅰ）技术准备

5.6.1 建筑测绘与建模作业前应搜集下列资料，并进行适用性分析：

1 建筑历史沿革、现状描述等记录资料。

2 历次维修记录、建筑测绘图、设计图、竣工图等档案资料。

3 基础控制点成果资料。

4 1∶500～1∶2000 比例尺地形图、数字高程模型、数字正射影像图等资料。

5.6.2 建筑测绘与建模作业前的现场踏勘应符合下列规定：

1 实地了解建筑测绘作业区地形概况、地貌特征、气候及交通情况。

2 核对已有资料的真实性和适用性。

3　根据建筑测绘作业区情况，确定总图、单体建筑测绘方法。

5.6.3　建筑测绘与建模的技术设计应符合下列规定：

1　根据项目要求确定总图测绘、各单体建筑测绘的技术指标及方法。

2　技术设计书内容应包括概述、建筑历史沿革及现状、已有资料情况、引用文件及作业依据、主要技术指标和规格、仪器和软件配置、作业人员配置、作业流程、进度安排、安全保障措施、质量控制措施。

（Ⅱ）总图测绘

5.6.4　总图测绘的图根控制测量应符合本标准第5.2节的技术要求，总图数据采集与编绘应符合本标准第5.3节的相关技术要求。

5.6.5　总图采集的要素应包括现行国家标准《地理信息要素分类与代码》GB/T 13923规定的定位基准、水系、居民地及设施、管线、境界与政区、地貌、植被与土质等要素，还应实测下列要素：

1　建（构）筑物凸凹大于图上0.4mm部位的平面特征点。

2　建（构）筑物的台基、屋角、踏步等结构点。

3　雕塑、古树、古井等重要地物。

4　建（构）筑物室内地坪、散水的高程，精度取位至cm。

5　有特殊铺装和宽度大于图上0.5mm的道路边线、中心线交点和变坡点。

5.6.6　总图制作应符合下列规定：

1　图线、计量单位、坐标标注、标高标注、名称和编号、图例应符合现行国家标准《总图制图标准》GB/T 50103的规定。

2　总图绘制应套绘单体建筑首层平面图，标注单体建筑正负零标高。

3　建筑周边起伏较大的地貌宜用等高线表示，建筑园林、庭院内部及较平坦地区可不绘制等高线。

4 标明庭院、场地及道路的铺装形式、材料及可见损坏状态。

5 标明建筑、围墙、照壁、牌坊的墙体厚度。

6 标明或编号注明建(构)筑物的名称。

7 宜标注范围线和建设控制线。

8 注明图名、图号、比例尺、坐标系统及高程基准、工程内容及范围、测绘单位。

9 总图制作完成后,测量人员、制图人员、校对人员、审核人员应在图纸上签署确认。

(Ⅲ) 单体建筑测绘

5.6.7 单体建筑测绘内容和主要技术指标应符合下列要求:

1 单体建筑测绘工作应包括控制尺寸测量、细部尺寸测量及测稿绘制、平立剖面图及构造详图制作、现状影像采集制作、三维模型制作等内容。

2 单体建筑测绘宜选用表 5.6.7-1 规定的比例尺。

表 5.6.7-1 单体建筑测绘的比例尺

图名	比例尺
平面图、立面图、剖面图	1∶50,1∶100
构造详图	1∶1,1∶2,1∶5,1∶10,1∶20

3 单体建筑测绘精度划分为一、二、三等,不同等级的适用范围、尺寸测量误差应符合表 5.6.7-2 的规定。一等精度一般适用于建筑的复建、仿造与拆建及数字建档;二等精度一般适用于调查研究、建筑修缮;三等精度一般适用于历史街区保护改造等。

表 5.6.7-2 单体建筑测绘的尺寸中误差(mm)

等级		一等	二等	三等
平面图、立面图、剖面图	控制尺寸	20	30	50
	通尺寸	$20\sqrt{n}$	$30\sqrt{n}$	$50\sqrt{n}$
	细部尺寸	10	20	30
	定位尺寸	50	50	100
构造详图	精细尺寸	2	5	10
适用范围		适用于建筑的复建、仿造与拆建、保护建档	调查研究、建筑修缮	历史街区保护改造

注:1 n 为构成通尺寸的控制尺寸的数量。
2 测绘困难的构件或部位可放宽 2 倍。

5.6.8 单体建筑数据采集应符合以下要求:

1 单体建筑测量应先测量控制尺寸,确定建筑的控制点和控制线的位置、通尺寸,再测量各构件及部位的细部尺寸。

2 相同构件的细部尺寸和相同开间的控制尺寸在误差允许范围内,可综合为统一尺寸。

3 次要尺寸应服从主要尺寸,分尺寸应服从总尺寸(小尺寸应服从大尺寸),少量尺寸应服从多数尺寸,后改尺寸应服从原有尺寸。

4 单体建筑测量宜采用测记法、地面三维激光扫描测量法、近景摄影测量法。

5 单体建筑测量应根据测绘现场需要,准备扶梯、脚手架或升降机等辅助设备。

5.6.9 采用测记法采集单体建筑数据时,应符合下列规定:

1 测记法可采用全站仪、测距仪、钢尺、三角尺、卡尺、水平尺、重锤等测量工具。

2 测绘现场应绘制测稿,测稿应表达建筑的形式、结构、构造节点及数量、大致比例。

3 吻兽、脊饰、雕刻等图案、纹样及异形轮廓构件,应先测量控制尺寸，再结合摄影影像，对照实物描绘。

5.6.10 采用地面三维激光扫描测量法采集单体建筑数据时，应执行现行行业标准《地面三维激光扫描作业技术规程》CH/Z 3017 的规定，并符合下列要求：

1 用于获取构件尺寸的点云应不低于现行行业标准《地面三维激光扫描作业技术规程》CH/Z 3017 规定的三等精度要求，用于获取构件细部尺寸的点云应不低于现行行业标准《地面三维激光扫描作业技术规程》CH/Z 3017 规定的一等精度要求；点云数据经质量检查合格后方能用于建筑测绘与建模。

2 构件尺寸测量可采用点到拟合平面、点到点测距模式。

3 可选择投影面进行点云切片，并进行正射投影，根据投影后的点云描绘特征线。

4 测量图案、纹样及异形轮廓构件的精细尺寸，应采用不低于现行行业标准《地面三维激光扫描作业技术规程》CH/Z 3017 规定的一等精度的点云。

5 当采用地面三维激光扫描仪无法准确获取结构尺寸时，应采用测记法实地补测。

5.6.11 近景摄影测量法可用于建筑立面图的测制。采用近景摄影测量法采集单体建筑数据时，应执行现行国家标准《近景摄影测量规范》GB/T 12979 的规定，并符合下列要求：

1 在选择摄影机焦距时，应考虑目标的大小和物距远近。远距离高精度观测，应尽量选用长焦距、大像幅的摄影机；在石窟、洞穴、巷道内近距离摄影时，宜选用短焦距摄影机。

2 建筑立面的拍摄应采用正直摄影，垂直于建筑立面的投影面进行拍摄。

3 建筑立面的拍摄光线条件应良好，当阴天或室内拍摄时，应设置光源，使被摄立面光线均匀。

4 建筑立面的拍摄应采用多站拍摄模式，两两组成立体像对，通过摄影测量立体测图系统进行立面测绘。

5 对石刻、雕塑等历史文物可测绘轮廓线及等值线。

6 制作建筑立面正射影像图，应采用微分纠正方法完成。

5.6.12 单体建筑测绘图制作应符合以下要求：

1 单体建筑测绘图制作应包括平面图、立面图、剖面图及构造详图的制作。

2 单体建筑测绘图的图线、图例、图样画法等应符合现行国家标准《建筑制图标准》GB/T 50104 的规定。

3 对于建筑结构交接关系明确的，可根据露明部分尺寸推算隐蔽尺寸，推算的结果应在图上特别注明。

4 对飞椽后尾、角梁等无法探明的隐蔽部分应作留白处理。

5 应标注构件材料，并使用材料图例。当剖断部分无法探明具体材质时，应不绘制材料图例。

6 单体建筑测绘图制作完成后，测量人员、制图人员、检查人员应在图纸上签署确认。

7 平面图制作应符合下列规定：

1）平面图制作应包括分层平面图、结构平面图、梁架仰视图、屋顶平面图。

2）平面图应反映建筑现状平面形制、尺寸、柱、墙等竖向承载结构和围护结构布置。

3）梁架仰视图应采用镜像投影法绘制，其他平面图应按正投影法绘制。

4）平面图的门窗绘制时，应关窗开门。

5）二层以上的平面图还应包含下层屋面的瓦陇、瓦沟、脊与脊饰等。

6）结构平面图应反映结构的平面关系。

7）平面图应标注说明平面可见残损和病害的位置、范围、程度等，也可通过拍摄影像表达。

8）应标注正负零标高。

9）铺地边界线应表示，并标明地砖、地板的材质、尺寸、排列方式等。

10）有毗邻建筑时，表示与相邻建筑关系。

11）尺寸标注从内向外一般分三层次标注，最内层标注柱径、柱距、门窗等尺寸及与轴线的关系，中间层标注轴网尺寸，最外层标注建筑总尺寸。

12）平面图应引出构造详图。

8 立面图制作应符合下列规定：

1）立面图制作应包括正立面、侧立面和背立面。当建筑室内立面构造复杂时，还应绘制室内立面图。

2）立面图应反映建筑立面现状形制特征，应标出两端轴线和编号、标高、尺寸等。

3）立面图应标注说明立面可见残损和病害的位置、范围、程度等，也可通过拍摄影像表达。

4）毗邻房屋、围墙、廊房等应绘制在一幅图内。当毗邻建筑超出幅面时，可部分绘制，截断处用折断线表示。

5）檐椽、瓦垄等按实地排列、数量绘制。

6）地面、踏跺、台明、室内地坪、下碱、檐椽下皮、瓦件上皮、屋脊、正吻最高点等标注标高。

7）门窗关闭绘制，根据需要表示分格线和雕花，门窗雕花可绘制大样图。

8）标注定位轴线间距、轴线总尺寸，以及门窗等细部尺寸。

9 剖面图制作应符合下列规定：

1）按内外空间形态构造特征，绘制剖面图；当一个剖面不能表达清楚时，应选取多个剖视位置绘制剖面图。

2）剖切位置应选择能反映全貌、构造特征及有代表性的部位，并在平面图上标注剖切位置。

3）剖面上重要构件断面尺寸、构造尺寸均应标示。

4）应标注每层标高、层高、楼板厚度、梁架构件标高及间距。

5）剖面图应标注说明剖面可见残损和病害的位置、范围、程度等，也可通过拍摄影像表达。

6）剖面图应引出构造详图。

10 构造详图制作应符合下列规定：

1）构造详图应和平立剖面图索引关系明确，表5.6.12规定的构件或部位应绘制构造详图。

表5.6.12 需绘制构造详图的构件及部位

对应基本图	构件或部位
平面图	柱础、钩阑、抱鼓石、角石、角兽、门砧等
剖面图	飞椽、檐椽、燕颔板、勾当、滴水、斗拱、角梁等
立面图	隔扇、板门、梭柱、鸱兽、垂兽、戗兽、彩画、木雕、石雕等

2）复杂门窗应绘制构造详图。

3）构造节点处应绘制反映相邻构件特点和搭接关系的详图。

4）构造详图应标注基本图件难以表述清楚的可见残损和病害的位置、范围、程度等，也可通过拍摄影像表达。

5.6.13 单体建筑现状影像采集主要要求如下：

1 宜采用无人机低空数字航摄获取建筑及周边环境的俯视影像，影像地面分辨率宜优于0.1m。像片控制点的布设与测量应按现行行业标准《低空数字航空摄影测量外业规范》CH/Z 3004的要求执行，航空摄影测量应按现行行业标准《低空数字航空摄影规范》CH/Z 3005的要求执行，影像预处理、空中三角测量、定向建模以及数字正射影像图制作应按现行行业标准《低空数字航空摄影测量内业规范》CH/Z 3003的要求执行。

2 应采用不低于2 000万像素的数码相机采集建筑立面现状影像。

3 拍摄时应垂直拍摄对象，无法正面拍摄全景时，应先正对拍摄部分影像，后期再拼接合成。

4　宜选择光线较为柔和、均匀的天气进行拍摄，避免逆光拍摄，光线较暗时应补光。

5　拍摄的影像应依次编号，并记录拍摄内容和位置信息。

6　现状影像应采集下列内容：

1）建筑群周边的自然或社区环境，内部道路、建筑、院墙、绿化等，反映建筑群的空间关系。

2）单体建筑立面、屋面、梁架仰视等总体情况，梁架节点、斗拱、檐口等重点构造部位。

3）脊饰、瓦当、碑刻、月梁、雀替、鸱兽、垂兽、戗兽、彩画、木雕、石雕等特色构件。

4）构件或部位的可见损伤、病害现象。

7　现状影像数据处理应包括图像色彩调整、变形纠正、图像配准、格式转换，并应符合下列规定：

1）图像出现曝光过度、曝光不足、阴影、相邻图像间的色彩差异等现象时，应进行色彩调整，保持图像反差适中、色彩一致。

2）因视角或镜头畸变引起变形影响使用时，应对图像的变形部分作纠正处理。

3）图像配准时，应保证图像细节表现清晰，无配准镶嵌缝隙。

4）宜将处理后的图像转换为通用的文件格式。

5）处理后的图像应与实地情况相符，真实反映实际材质的图案、质感、颜色及透明度。

（Ⅳ）建筑三维建模

5.6.14　建筑三维模型建立应符合以下要求：

1　建筑三维模型等级要求应符合表5.6.14的规定。

表 5.6.14 建筑三维模型等级划分

模型等级	制作要求	尺寸检测中误差(mm)
一等	反映建筑内外部细节,对门窗、屋顶结构、斗拱、雀替等维度变化大于 0.1m 的细节,应实体建模表现	50
二等	反映建筑内外部细节,对门窗、屋顶结构、斗拱、雀替等维度变化大于 0.2m 的细节,应实体建模表现	100

注:低于二等精度要求的,按照现行行业标准《三维地理信息模型生产规范》CH/T 9016 中三维模型表达级别的Ⅰ、Ⅱ、Ⅲ、Ⅳ级要求。

2 建筑三维建模分为规则模型和不规则模型,规则模型制作应符合下列规定:

1) 可利用点云数据或已测平面图、立面图、剖面图进行交互式建模。

2) 对于球面、弧面、柱面、平面等规则几何体应根据点云数据拟合模型。

3) 模型制作应符合现行行业标准《三维地理信息模型生产规范》CH/T 9016 的要求。

3 不规则模型制作应符合下列规定:

1) 通过点云构建三角网模型,并应进行孔填充、边修补、简化、细化、光滑处理等优化处理。

2) 光滑表面可采用曲面片划分、轮廓线探测编辑、曲面拟合等方法生成曲面模型。

4 纹理贴图应符合下列规定:

1) 可采用重复贴图或基于同名点对的精确贴图模式。

2) 纹理材质应反映与实际相符的图像、颜色、透明度等,区别出砖、木头、玻璃等不同质地。

3) 纹理中不应含有建模对象以外的物体,不应存在明显扭曲和接缝。

（Ⅴ）质量检查与资料提交

5.6.15 测绘报告应包括项目概述、建筑概况、技术设计执行情况、测绘数据统计、测绘成果质量评价、上交和归档的成果及其资料清单，并应符合现行行业标准《测绘技术总结编写》CH/T 1001的相关规定。

5.6.16 质量检查的内容及方法应符合以下规定：

1 建筑测绘采用的空间参考系的内容及方法如下：

1）检查总图和单体建筑测绘图采用坐标系统准确性。

2）检查总图测绘采用的高程基准准确性。

3）检查总图的投影各参数和图幅分幅情况。

2 建筑测绘时间精度的内容及方法如下：

1）检查建筑测绘采用的时间基准。

2）检查建筑测绘成果的现势性。

3 总图的内容及方法如下：

1）实地测量检查总图平面位置精度和平面相对精度。

2）实地测量检查总图的高程精度。

3）实地比对检查总图的地形要素的缺漏情况。

4）按照现行国家标准《总图制图标准》GB/T 50103规定的制图标准检查总图的图线、计量单位、坐标标注、标高标注、名称和编号、图例。

4 单体建筑测图的内容及方法如下：

1）实地检查单体建筑测绘图的尺寸精度。

2）实地核对单体建筑测绘图所含内容的完整性。

3）实地核查单体建筑测绘图的表达准确性。

4）按照现行国家标准《建筑制图标准》GB/T 50104规定的制图标准检查图线、图例、图样画法等内容。

5 现状影像的内容及方法如下：

1）检查数据格式、数据组织和文件命名的正确性。

2）检查影像色调和反差、清晰度和纹理表现、外观质量和影像色彩等。

3）检查影像图拼接时的色彩差异处理情况及接边精度。

6 三维模型的内容及方法如下：

1）实地核对模型与实物的一致性，细节取舍合理性。

2）实地检查模型的尺寸精度。

3）模型贴图纹理的精细度、真实性、颜色模式及规格。

4）模型的数据格式、数据组织和文件命名的正确性。

5.6.17 上交成果资料宜包括以下内容：

1 成果清单。

2 总图、单体建筑测绘图、单体建筑三维模型、正射影像图、点云数据、现状影像。

3 测稿、测量观测手簿等观测记录。

4 内业数据计算及处理资料。

5 技术设计书。

6 检查验收报告。

7 测绘报告。

8 其他相关资料。

5.7 日照测量

5.7.1 日照测量应包括以下对象：

1 需做日照分析的被遮挡的客体建筑，主要包括住宅、医院病房楼、休（疗）养院住宿楼、幼儿园、托儿所和大中小学教学楼等。

2 对客体建筑产生日照遮挡的主体建筑。

3 纳入主、客体建筑范围内的正在建设或已批未建的建筑。

4 地形图或总平面图，测量范围应包含所有主体建筑、客体建筑。

5.7.2 客体建筑测量范围应符合以下规定：

1 浦西内环线以内地区，按照拟建高层建筑高度1.0倍的扇形阴影范围确定；其他地区，按拟建高层建筑高度1.2倍的扇形阴影范围确定。

2 低层独立式住宅建筑，按拟建高层建筑高度1.4倍的扇形阴影范围确定。

3 依据上述规定计算的范围最大不超过拟建建筑北侧240m半径扇形阴影范围。

4 上述范围内，设计方案经规划管理部门审定或经批准尚未建设以及正在建设的居住建筑和文教卫生建筑也应确认为客体建筑。

5 客体建筑测量范围，宜按照本标准附录第B.0.1条的要求划定。

5.7.3 日照测量主体建筑范围应符合以下规定：

1 以已经确定的客体建筑为中心，调查了解周围可能对其产生遮挡的建筑。应以240m为半径作出扇形图，以此范围进行调查。排除对客体建筑不产生影响的建筑，明确主体建筑的具体对象。

2 在第1款范围内，设计方案已经规划管理部门审定的高层建筑也须纳入主体建筑范围。

3 商店铺面、办公用房、灶间、卫生间、楼梯间等非住宅或文教卫生建筑，按日照分析主体建筑测绘并标注名称。

4 除高度大于等于4m的旧里建筑（石库门）的围墙作为日照分析主体外，其他围墙一般不作为日照分析的主体。

5 主体建筑的测量范围，宜按照本标准附录第B.0.2条的要求划定。

5.7.4 日照测量精度应符合表5.7.4的要求。

表 5.7.4 日照测量精度要求

序号	误差项	精度指标
1	地物点相对于邻近控制点的点位中误差	≤±100mm （施测困难时，≤±150mm）
2	地物点之间的间距中误差	≤±100mm （施测困难时，≤±150mm）
3	建（构）筑物边长测量相对误差（mm）	≤±0.005l（l 为长度，单位为 m）
4	水准路线闭合差（mm）	$40\sqrt{L}$
5	解析法求得边长与实测边长较差	≤±150mm
6	建（构）筑物高度测量中误差	≤±50mm

注：L 为水准路线长度，单位为 km。

5.7.5 日照控制测量应符合以下规定：

1 平面控制测量应采用上海平面坐标系统，精度等级可采用三级或图根，可采用卫星定位测量方法或导线测量方法实施。

2 高程控制测量以上海城市水准点为起算点，符合图根水准测量技术要求。

5.7.6 日照总平面图调查和测绘应符合以下规定：

1 总平面图范围应包含所有主体建筑、客体建筑。

2 精度和现势性应符合 1∶500 地形图要求，否则应采用野外数字测量方法实测或修测，并符合本标准第 5.3 节的相关要求。

3 应对已有的地形底图进行巡视检查，更新变化的建（构）筑物。

4 对主体建（构）筑物、客体建（构）筑物的主要角点进行坐标测量，坐标校差大于 0.5m 时应按实测更新。

5.7.7 客体建筑需测绘各层平面图、屋顶平面图和立面图，测注室外地坪标高，并应符合以下规定：

1 客体建筑平面图，应测绘底层平面图、标准层平面图、层面布局有差异的各层平面图，建（构）筑物的底层平面图应与总平面图的形状、大小保持一致，标注首尾门牌号。建(构)筑物各层平面图应标出门窗的投影位置，标注房角坐标。门、窗坐标采集位置应按本标准附录第B.0.3条确定。

2 客体建筑立面图，应实测被遮挡立面(南立面、东立面、西立面)上的门、窗、阳台位置和高程，门应注明材质(木门、玻璃门、半玻璃门等)。

3 客体建筑屋顶平面图，应测绘女儿墙、电梯房、水箱等附属物及屋顶轮廓的平面位置和高程。坡屋顶要绘制屋脊线、分水线和屋檐线，并在相应位置标注高程。违章搭建的建筑应标注“搭建”字样。

4 室外地坪高测量至建(构)筑物散水位置或主要出入口位置的地坪面。

5 客体建筑中的商店、厂房、办公用房，或独立灶间、卫生间、楼梯间等房间，不需要测量窗户高度，但需要进行宽度测量(便于横向数据校验)并标注名称。

5.7.8 主体建筑需测绘屋顶平面图，测绘要求与第5.7.7条第3款一致。主体未建或在建时，收集相关资料并实测其用地范围及相关地形。

5.7.9 主体建筑、客体建筑外形应进行数码摄影，如条件限制，不能摄全景时可分体摄影。成果图中应附影像图片，影像图片编号与成果图编号一一对应。

5.7.10 测量方法应符合以下规定：

1 建筑物的边长、门窗宽度及其他附属设施的尺寸可采用钢尺直接丈量，也可以采用全站仪等测量仪器测出至门窗的平距及角度，间接计算长度。

2 建筑物的屋顶、门窗及其他附属设施的高程可直接测定，也可使用测量仪器进行间接测算。

3 地面高程测量采用几何水准法或三角高程法。

5.7.11 日照测量成果图应符合以下要求：

1 总平面图图面整饰应内容清楚、布局美观，主体及客体建筑用晕线表示并加注编号。

2 各种立面图、层面图应图面美观、内容清晰，采用合适的绘图比例尺。

3 标准层平面图上的门窗按从东往西、由南往北依次统一编号并标注尺寸，表示门窗的线宽与两端的线段长度按1∶3，门窗线输出宽度应为2mm。

4 屋顶平面图上的屋脊线、墙体外形线用实线表示，屋檐线用虚线表示。

5 立面图布局合理，各层面应标注标高。

6 测量成果图的门、窗、阳台等测绘对象应分层分色表示，以示区别。

5.7.12 日照测绘应提交以下成果：

1 成果目录。

2 日照分析测绘技术说明书。

3 总平面图。

4 各单体建筑测绘成果，包括：建(构)筑物底层(标准层)平面图、立面图、屋顶平面图、影像照片图。

5 以上资料的电子文档。

5.8 城市管理部件测绘

5.8.1 城市管理部件的测量是对城市管理部件的类型、位置及其属性信息进行普查和测绘，数据源宜采用1∶500、1∶1000比例尺地形图。

5.8.2 城市管理部件的分类、编码及数据组织，应符合下列规定：

1 城市管理部件的分类、编码、定位精度、属性信息、图式符号和数据更新应符合现行行业标准《城市市政综合监管信息系统技术规范》CJJ/T 106 和《城市市政综合监管信息系统管理部件和事件分类、编码及数据要求》CJJ/T 214 的规定。

2 城市管理部件数据的组织管理和元数据应符合现行行业标准《城市市政综合监管信息系统技术规范》CJJ/T 106 的规定。

5.8.3 城市管理部件数据采集宜包括对部件名称、相邻门牌号码、附近兴趣点野外数据采集、属性调查、数据检查等部件普查内容。

5.8.4 城市管理部件的定位测量应符合下列规定：

1 城市管理部件测量的控制测量应符合本标准第 5.3 节的相关要求。

2 部件的定位精度应符合表 5.8.4 的规定。

表 5.8.4 部件定位精度要求

序号	精度级别	中误差(m)	说明
1	A类	≤0.5	空间位置或边界明确的部件，如井盖、灯等
2	B类	≤1.0	空间位置或边界较明确的部件，如果皮箱、绿地、亭、广告牌等
3	C类	≤10.0	空间位置概略表达的部件，如桥梁、停车场、工地等

3 对于 1∶500、1∶1000 比例尺 DLG 数据中已包含的城市管理部件数据，可直接提取使用。

4 对于空间位置或边界明确和较明确的城市管理部件，应使用全站仪或其他测量设备按本标准 5.3 节中“野外数字测量”的规定测定其平面位置。

5 城市管理部件的每个部件均应赋标识码，并应在数据集中唯一。

5.8.5 在实地普查和测绘的基础上，应根据记录图表进行数据录入和处理，分类建立城市管理部件数据文件。数据文件应包含城市管理部件的位置信息和属性信息。

5.8.6 城市管理部件数据质量检查的内容应包括分类代码的正确性、属性信息的完整性和准确性、部件的定位精度，以及作业过程文档等。

5.8.7 部件信息应根据城市的具体要求进行更新，以保持部件数据的现势性。

5.8.8 提交的成果应包括专业技术设计书、部件数据及清单、质量检查报告、技术总结。

5.9 安全保护区测绘

5.9.1 安全保护区是为保护城市轨道交通、市政桥梁隧道结构的正常使用和安全，在其结构及周边的特定范围内设置的控制和保护区域。安全保护区测绘的主要内容应包括：

1 安全保护区现状地形测绘，比例尺宜根据需求选用1∶500、1∶1000或1∶2000。

2 安全保护区内的外部作业、地形地貌异常变化等情况发生后，应进行外部客体与被保护结构的相对位置关系测量。

5.9.2 测绘前应搜集线路中线成果、沿线带状地形图、起算点(或GNSS转换参数)等相关资料。

5.9.3 安全保护区地形测绘应满足本标准第5.3节的相关要求。

5.9.4 相对位置关系测量应测定外部客体与结构的空间相对位置关系。相对位置关系测量可采用图解法或现场实测的方法实施，应符合以下要求：

1 当已有满足精度要求的轨道交通位置数据时，可采用图解法量算相对位置关系；无图解法实施条件或图解法精度不能满足要求时，应进行现场实测。

2 外部客体与结构外边线的间距小于5m时，应进行现场实测。地下结构的相对位置关系实测，还应包括以下内容：

1）放样地下结构边线、中心线及保护区边界，直线段宜按10m间距、曲线段宜按5m间距放样桩位。

2）沿线路中线的地面纵断面测量。

5.9.5 采用现场实测的方法进行相对位置关系测量时，测量精度应满足以下要求：

1 平面控制测量应布设不少于3个控制点，每个控制点应至少有2个通视方向；平面控制测量精度不应低于本标准第4章中三级导线测量的精度要求。

2 高程控制测量应布设不少于3个水准点，与城市已有控制点进行联测，联测精度不应低于本标准第4章五等水准测量的精度要求。

3 细部测量点相对于邻近控制点的点位中误差不应大于50mm、高程中误差不应大于50mm。

5.9.6 相对位置关系测量成果应符合以下要求：

1 编制平面图、剖面图。

2 平面图的比例尺宜采用1∶500，图上应展绘高程点、结构中线、结构边线、安全保护区边界及已放样的点位，标明外部客体范围及其与结构的相对距离。

3 剖面图应展绘结构上、下边线，标明外部客体距离结构的最近点、最近距离，标绘地形地貌异常变化处的高程及其与结构的相对高差。

6 定线与订界测量

6.1 一般规定

6.1.1 本章适用于城市规划道路的定线测量和建设用地界址的订界测量。定线与订界测量的工作内容包括资料搜集、平面控制测量、计算及测设、资料整理和质量检查验收等内容。

6.1.2 定线与订界测量平面坐标系应采用上海平面坐标系统，工作底图宜采用1：500～1：2000比例尺地形图。

6.1.3 定线与订界测量的精度要求：

1 放样点相对于相邻控制点的点位中误差不应大于35mm。

2 实测坐标与放样坐标之差不应大于50mm。

3 两相邻放样点间实测距离与理论距离之较差不应大于50mm。

6.1.4 测量前应搜集以下资料：

1 定线测量应根据定线条件搜集拟定线规划道路及相关规划道路定线资料。

2 订界测量应依据订界设计条件，搜集有关资料并核实与规划道路、已有订界测量成果的关系。

6.1.5 定线与订界测量平面控制点的等级不应低于三级，并宜采用导线测量或卫星定位动态测量等方法布设。在控制点稀少地区，三级导线同级附合时不大于1次。用于规划道路网定线测量的平面控制网，宜布设成导线网。

6.1.6 定线与订界测量可采用全站仪或RTK法测设。采用全站仪测设时，仪器标称精度不应低于2″；采用RTK测设时，应符合现行上海市工程建设规范《卫星定位测量技术规范》DG/TJ 08－2121

的要求。

6.1.7 采用全站仪进行定线与订界测量时，放样距离不应超300m，且不得超过后视边长的1.5倍。

6.1.8 除放样规划道路中心线或用地边界线的各特征点外，定线与订界测量还可根据需要增设放样点。

6.1.9 定线与订界测量的过程中必须进行检核测量，并符合以下规定：

1 若放样范围内有2个以上的控制点，则应在非放样起始点上独立检测放样点坐标。

2 若无法直接检测，可在适合地方设站测定放样点，以假定坐标反算放样点之间的距离进行检核。

3 若用RTK放样，应重新初始化后检测，检测结果应符合本标准第6.1.3条的要求。

6.1.10 定线与订界测量宜在现场绘制放样点的点之记，标记放样点的点号及攀线的长度。用于寻找现场点位的攀线交角在30°～150°，攀线的根数不宜少于2根。

6.2 定线测量

6.2.1 城市规划道路的定线测量，是把规划道路中心线按规划设计放样到实地。

6.2.2 定线测量资料整理应符合下列规定：

1 定线测量资料宜包括定线条件、定线成果、工作略图、内外业测算手簿、检验报告、附图、原有定线条件及其成果等内容，并应按顺序装订成册。

2 定线成果宜包括中心线各点点名、坐标、各线段方位角、边长、路宽、含曲线元素的成果略图、点之记、成果交桩单等内容。

6.3 订界测量

6.3.1 订界测量应根据规划要求，在实地放样出建设用地的边界线，使建设用地边界线与规划道路红线保持正确的相对关系。

6.3.2 订界测量计算及测设应符合下列规定：

1 订界测量数据应展绘到地形图上，当与订界条件相差较大时，应分析原因，必要时与项目委托单位或城市规划管理部门联系。

2 订界测量中，若放样点落在建（构）筑物内或水域中，无法在实地放样出点位时，可采用下列方法作业：

1) 平移法：将放样的点平移一定的距离，订出副点。

2) 内（外）分点法：在用地边界线的直线上放出 2 点以上的副点，计算放样点至副点（最近点）的距离。

3) 在成果、成图资料上说明副点与放样点的相对关系及有关情况。

6.3.3 订界测量资料整理应符合下列规定：

1 订界测量资料宜包括订界条件、订界成果、成果略图（指示图）、内外业测算手簿、检验报告、附图等内容，并应按顺序装订成册。

2 订界成果宜包括用地桩点点名、坐标、各线段边长、点之记、成果交桩单等内容。

3 成果略图应表示用地边界、相邻规划道路、曲线要素、规划道路名称、各路段方位角和路宽等内容。

7 施工测量

7.1 一般规定

7.1.1 根据工程特点、设计文件要求，施工测量的平面坐标可采用上海平面坐标系统或建筑坐标系，高程系统可采用吴淞高程系或±0.00标高。采用建筑坐标系或±0.00标高时，应与上海平面坐标系统和吴淞高程系进行联测并建立转换关系。

7.1.2 施工测量实施前应搜集和分析规划、设计、施工等相关资料，编制测量方案，并经审核批准。测量方案宜包括下列内容：

1 工程概况。

2 任务要求。

3 测量技术要求和技术依据。

4 已有控制点情况及复核方法。

5 施工控制网布设与测量。

6 建(构)筑物定位、放线、验线等施工过程测量。

7 施工测量管理体系。

8 仪器设备和技术力量等资源的配置。

9 安全、质量保证体系与措施。

10 成果资料整理与提交。

7.1.3 对已有测量成果，应办理成果资料、测量点位的交接手续，接桩后应对既有测量控制点应进行复核和保护。

7.1.4 建设工程施工放样前，应熟悉施工设计图纸，对测量放样相关的数据进行复核计算；按设计文件的限差要求和施工特点，确定放样方法。

7.1.5 测量的外业资料、起算数据和放样数据，应经校核无误后方可使用。

7.1.6 当工程需要特殊的高精度或采用新技术、新方法时，应对所用的测量方法、仪器设备及具体作业过程等进行专门的技术设计和精度分析，并宜进行试验验证。

7.2 建筑工程

7.2.1 建筑工程施工测量的主要工作内容宜包括：

1 施工控制测量。

2 施工场地测量。

3 基础与地下结构施工测量。

4 施工控制竖向传递。

5 建（构）筑物细部施工放样。

6 其他施工测量。

（Ⅰ）施工控制测量

7.2.2 大中型施工场区宜先建立场区控制网，再根据各建（构）筑物或独立设施的施工测设需求建立单体工程施工控制网。小规模施工项目，可不建立单体工程施工控制网。

7.2.3 场区平面控制网布设和观测应符合以下规定：

1 场区平面控制网，应根据工程规模和工程需要分级布设。对于大于 $1km^2$ 的场区，应建立四等及以上精度等级的平面控制网；对于场地面积小于 $1km^2$ 的场区，可根据需要确定控制网等级。

2 宜起算于 3 个以上城市控制点；小规模场区或特殊高精度要求时，控制网也可选用一个点的坐标和一个边的方位角作为起算数据。

3 场区平面控制网最弱点相对于起算点或前期已有控制点的点位精度不应高于 50mm。

4 场区平面控制网，可根据场区的地形条件和建（构）筑物分布情况，布设成卫星定位控制网、边角网（或导线）等形式，控制网测设应符合本标准第4章的相关要求。

5 控制网点位，应选在通视良好、质地坚硬、便于施测、有利于长期保存的地点，并应埋设标石。标石的埋设深度，应根据控制网等级、地质条件、场地设计标高和建设周期等合理确定。

6 建设周期长的控制网点宜布设成强制归心观测墩。建筑楼顶的控制点宜布设在沉降稳定的建筑上，并符合防雷接地要求。

7 高耸建（构）筑物的场区平面控制网布设和测量，还应符合以下规定：

1）点位应布设在视野开阔的稳定位置，宜能直接测设建筑主轴线。

2）网点应布设成强制归心标。

3）楼顶的控制点宜布设在楼龄5年以上、高度50m以下的屋顶，并做好防雷接地措施。

7.2.4 场区高程控制测量应符合以下规定：

1 场区高程控制网的等级不宜低于四等，大中型场区不宜低于三等。

2 应布设成闭合环、附合路线或结点网，主要技术要求应符合本标准第4.3节的相关规定。

3 相邻的场区水准点间距宜小于1km，可设置在平面控制点的标石上，也可单独布置在场地相对稳定的区域。

4 控制点稳定性要求高时，宜布设深式水准点或基岩标。深式水准点埋设应符合本标准附录A的技术要求。

7.2.5 根据建（构）筑物的设计形式和特点，单体工程施工平面控制网宜布设成十字轴线或矩形控制网。单体工程施工控制测量应符合以下规定：

1 控制网的坐标轴，应与工程设计所采用的主轴线一致。

2 单体工程施工控制网应根据场区控制网进行定位、定向和起算；精度要求高时，宜布设成独立网，采用一个点的坐标和一条边的方位起算。

3 控制点应选在通视良好、利于长期保存、便于施工放样的地方。主要的控制网点和主要设备中心线端点，应埋设固定标桩；相对于邻近控制点，定位误差不应大于20mm；两建（构）筑物（厂房）间有联动关系时，不应大于10mm，定位点不得少于3个。

4 应根据建（构）筑物的分布、结构、高度和机械设备传动的连接方式、生产工艺的连续程度，进行控制网测量方案设计，估算控制网的点位精度或坐标分量精度。

5 控制网水平角观测的测回数，应根据仪器等级和点位精度、坐标分量精度，按式（7.2.5）计算；当计算的测回数小于1时，应观测1测回。角度闭合差应小于测量中误差的$2\sqrt{N}$倍（N为构成闭合条件的水平角个数）。

$$n=\left(\frac{D\times10^{3}\times m_{\beta}}{\rho\times m_{P}}\right)^{2} \tag{7.2.5}$$

式中：n——测回数，向上取整；

D——测站至观测点的距离（m）；

m_{β}——单测回水平角观测精度（″），按仪器标称精度、对中及照准误差、观测环境变化等三者对水平角观测精度等影响考虑，可取仪器标称精度的$\sqrt{3}$倍；

ρ——常数（$\rho=206265''$）；

m_{P}——坐标分量中误差（mm）。

6 控制网各边的距离应往返观测，宜使用标称精度中的固定误差不大于m_{P}（坐标分量中误差）的全站仪或测距仪，仪器和棱镜的对中误差不应大于1mm。水平距离应经温度、加常数、乘常数和倾斜等参数改正。

7 采用建筑轴线作为控制基准时，轴线点应按平差结果进行实地修正，调整到设计位置。点位归化后，应进行角度和边长的复测检查。

8 建(构)筑物的围挡结构封闭前,宜根据施工需要将建(构)筑物外部控制转移至内部,控制点宜设置在浇筑完成的预埋件上。

7.2.6 建(构)筑物高程控制点不应少于3个,宜采用水准测量方法与城市水准点联测,测量等级不应低于四等。

(Ⅱ)施工场地测量

7.2.7 施工场地测量宜包括现状地形测量、场地平整测量、临设管线和道路测设、临设建(构)筑物定位,以及物料、机具场地划分测量等内容。

7.2.8 施工场地测量应符合以下要求:

1 开工前,宜根据场区规模、复杂程度,测绘1∶1 000、1∶500或更大比例尺的场区现状地形图,地形测量应符合本标准第5.3节的技术要求。

2 场地平整测量应符合总体竖向设计和施工组织设计的要求,碎部点高程测量可采用水准测量、三角高程或卫星定位测量等方法。

3 相对于等级控制点或图根控制点,临设管线和道路测设、临设建(构)筑物定位,以及物料、机具场地划分测量等作业,碎部点点位精度不宜低于±50mm、高程精度不宜低于±25mm。

(Ⅲ)基础与地下结构施工测量

7.2.9 基础与地下结构施工测量包括桩基施工测量、围护结构施工测量、地下结构施工测量等内容。

7.2.10 基础与地下结构施工测量应符合以下规定:

1 基坑围护结构采用地下连续墙时,其施工测量应符合下列规定:

1) 连续墙的中心线放样误差应不大于±20mm。

2) 内、外导槽应平行于地下连续墙中线,其放样误差应不大于±20mm。

2 基坑围护结构采用护坡桩时，其施工测量技术要求应符合下列规定：

1） 护坡桩偏差纵向不应大于±100mm，横向为0～＋50mm（不侵入基坑内）。

2） 预制桩施工过程中，应根据设计要求测量桩的铅垂度。

3 工程桩基施工测量的内容和方法应根据沉桩工艺的要求确定，沉桩位置和垂直度应符合设计或相关技术标准的要求。相对于邻近控制点，边桩测量误差不大于±10mm，群桩测量误差不大于±20mm。

4 土方开挖施工测量应符合以下技术要求：

1） 基槽（坑）开挖边线放样误差不大于±50mm。

2） 基槽（坑）开挖过程中的放坡比例、标高、坡脚距建筑结构的距离应符合设计要求。

3） 局部电梯井、积水坑的平面位置和标高、放坡比例应符合设计要求。

5 基坑开挖至底部后，应将平面控制、高程控制引测到基坑底部，测量作业应符合以下要求：

1） 引测前检查等级控制点、单体工程施工控制点的稳定性。

2） 平面控制宜采用附合导线，等级不宜低于三级导线。

3） 高程引测采用水准测量方法时，应起讫于水准点，测量等级不宜低于五等水准。

4） 高程引测采用三角高程测量方法时，应采用2″级及以上全站仪对向观测，垂直角、距离应往返观测各2测回，仪器高、觇标高的量取应精确到1mm。

6 相对于邻近控制点，基础底板和地下各层的施工测量的平面位置测量误差不大于±5mm、标高测量误差不大于±10mm。

7 各层测量应依次进行主控轴线定位桩测量、主角桩测量、各控制轴线测量。主控轴线定位桩投测后应进行几何校测，相邻尺寸或图形闭合条件的不符值宜小于 5mm，校测合格方可进行后续测量放样。

8 采用盖挖逆作法的地下结构施工测量应符合以下技术要求：

1）地面层轴线测量符合第 6 和第 7 款的要求，地面层浇筑前应检测楼板底面设计高程线，其偏差应在 0～+10mm 之内。

2）地下各层楼板和底板结构施工前，应对顶板上的轴线控制点和高程控制点进行复测，并通过预留孔将这些轴线点的坐标和高程传递到施工层工作面，在浇筑混凝土前应对标定在模板上的轴线控制点和高程控制点进行检核，测量误差符合第 6 和第 7 款的要求。

（Ⅳ）施工控制竖向传递

7.2.11 建(构)筑物竖向轴线投测、高程传递的允许误差应符合表 7.2.11 的规定。

表 7.2.11 建(构)筑物轴线竖向投测、高程传递的允许误差

项目		轴线竖向投测允许误差(mm)	高程竖向传递允许误差(mm)
每层		3	3
总高度 H(m)	$H \leqslant 30$	5	5
	$30 < H \leqslant 60$	10	10
	$60 < H \leqslant 90$	15	15
	$90 < H \leqslant 120$	20	20
	$120 < H \leqslant 150$	25	25
	$150 < H \leqslant 300$	30	30
	$300 < H \leqslant 500$	$H/10000$	$H/10000$
	$H > 500$	50	50

7.2.12 竖向轴线投测可采用内控法或外控法，应符合以下规定：

1 当采用内控法时，应在基准层底板上测设轴线标志作为向上传递轴线的基准点，并宜在每层楼板上对应位置预留200mm×200mm孔洞。

2 每次轴线竖向传递前，应先校测控制桩、基准点，每次竖向投测的轴线点不宜少于4点，组成十字形或矩形检核条件。投测后应进行相邻尺寸、闭合图形的检测，不符值宜小于3mm。

3 当采用外控法时，应将控制轴线引测到首层结构的外侧，作为向上传递轴线的基准点。每层围挡结构封闭前，应将建筑外的控制轴线引测至结构内，作为室内装修和设备安装的依据。

4 后期施工区域应与前期施工区域进行联测，较差符合表7.2.11的精度要求。

7.2.13 当采用垂准法进行轴线竖向投测时，应符合以下规定：

1 观测时在下部基准点上架设垂直仪（天顶仪），在上部安置接收靶（透明格网板），格网板的轴线应与结构主轴线平行或正交。

2 采用的垂准仪的相对精度，应符合垂直度的控制要求。

3 每次基座精确对中后，应在照准部圆周上均匀分布的3个或4个对称位置投测，取其几何中心作为当次投测的结果；高耸建（构）筑物观测时，每个点应独立对中、投测3次，相邻两次间对中基座呈对称位置、各旋转120°，取3次的几何中心作为最终的投测点位。

7.2.14 高耸建（构）筑物的轴线竖向投测应符合下列规定：

1 ±0.00层的轴线测设除符合本标准第7.2.12条第1和第2款规定外，并应埋设永久标志，与场区控制网联测，构成附合或闭合导线，测量精度不应低于本标准表4.2.15中一级导线的要求。

2 轴线投测分为控制层、施工层两个层级，控制层沿竖向宜每10层左右设置1次。控制层轴线传递时，应以下一控制层轴线为基准，采用内控法投测并符合第7.2.12条的规定，同时采用外控法投测并进行比较，较差应不大于表7.2.11的允许偏差，误差范围内取中数确定。

3 除控制层外的施工层轴线投测，应以下部最近的控制层为基准，采用内控法投测，投测作业应符合第7.2.12条的规定。

7.2.15 建筑标高竖向传递可采用悬挂钢尺法、垂直测距法或三角高程测量法，应符合以下规定：

1 当采用悬挂钢尺法时，钢尺下端应加载检定时的重量，应进行尺长改正；当传递高度超过钢尺长度时，应设置新的传递基准点。

2 当采用电磁波竖向测距法时，宜沿预留洞口垂直向上传递。

3 每5层～10层宜从外部采用三角高程或垂直测距法进行高程检核，检核较差不应大于表7.2.11的允许偏差。

4 每栋建筑应由3处不同位置独立向上传递，3处传递的高差较差应小于3mm，否则应重新传递，以其平均值为传递标高。

7.2.16 高耸建(构)筑物的施工测量还应符合以下要求：

1 轴线投测和高程传递的测量时间应符合进度要求，应结合核心筒超前施工层数、伸臂桁架合龙时机等工序合理安排确定。

2 后施工部位测设时，应利用前期同层设置的轴线点，并应联测与前期结构的衔接性。

3 应顾及日照、风载等外界环境对垂直度的影响，并顾及温度及混凝土徐变对高程的影响，宜采用变形测量的方法进行评价和修正，并符合以下规定：

1) 超高层建筑的结构标高应换算到同一基准温度进行控制，上海地区基准温度建议取为20℃。

2) 沉降测量应结合结构特性设置，核心筒与裙房的差异沉降应布设 3 对以上对应点；应在底板形成后完成观测点的布设和初始值测量，应至少每 2 层进行 1 次观测。

3）宜进行日照、风振等环境响应性监测。

4）轴线竖向投测和高程竖向传递的成果应顾及结构变形的影响，应选择影响小的时段进行测量。

（Ⅴ）建（构）筑物细部施工放样

7.2.17 建（构）筑物细部施工放样的允许偏差应符合表 7.2.17 的规定。

表 7.2.17 建（构）筑物细部施工放样的允许偏差

项目		允许偏差(mm)
外廓主轴线长度 L(m)	$L \leqslant 30$	±5
	$30 < L \leqslant 60$	±10
	$60 < L \leqslant 90$	±15
	$90 < L \leqslant 120$	±20
	$120 < L \leqslant 150$	±25
	$150 < L \leqslant 250$	±30
	$90 < L$	符合设计要求
细部轴线		±2
承重墙、梁、柱边线		±3
非承重墙边线		±3
门窗洞口线		±3

7.2.18 柱子、桁架或梁安装测量的允许偏差应符合表 7.2.18 的规定。

表 7.2.18 柱子、桁架或梁安装测量的允许偏差

测量内容		允许偏差(mm)
钢柱垫板标高		±2
钢柱±0.00 标高		±2
混凝土柱(预制)±0.00 标高		±3
柱子垂直度检查	钢柱牛腿	5
	柱高 10m 以内	10
	柱高 10m 以上	H/1000,且≤20
桁架和实腹梁、桁架和钢架的支承结点间相邻高差的偏差		±5
梁间距		±3
梁面垫板标高		±2

注:H 为柱子高度。

(Ⅵ)其他施工测量

7.2.19 吊车梁与轨道安装测量应符合下列规定:

1 吊车梁吊装前,应校测预制梁的梁长和牛腿的跨距。

2 吊车梁梁体上,应在顶面和两端划出中心线,允许误差为±2mm;牛腿上应逐柱测设吊车梁安装中线,中线允许误差为±3mm。

3 轨道安装中线应在屋架固定后测设。

4 吊车轨道安装前,将吊车轨道中线投测至吊车梁上,允许误差为±2mm;应采用吊钢尺法或三角高程法将标高引测到梁面,允许误差为±2mm。

5 轨道安装后应检测轨道平面线性和轨顶标高,允许误差为±2mm。

7.2.20 预制构件或设备安装测量应符合以下要求:

1 构件预装测量的允许偏差应符合表 7.2.20 的规定。

表 7.2.20 构件预装测量的允许偏差

测量内容	允许偏差(mm)
平台面抄平	±1
纵横中心线的正交度	$\pm 0.8\sqrt{l}$
预装过程中的抄平工作	±2

注:l 为自交点起算的横向中心线长度的米数,长度不足 5m 时,以 5m 计。

2 后施工的部位放样前,应检测与之有衔接关系的结构实际中线。

3 设备基础应测设中线(或其平行线)、边线等平面控制线和标高控制线;预埋钢板、预埋螺栓(组)应测设预埋件的中线、边线和标高控制线。

4 预埋件定位后,应对其平面位置和标高进行检测,符合要求后方可浇筑固定。

5 装配式构件应提前检测构件几何尺寸,验证其是否符合公差要求。

6 构件安装前应检测设备基础中心线等实际位置,验证偏差是否符合要求;对于埋设有中心标板的重要设备基础,其中心线应由竣工中心线引测。纵横中心线应进行正交度的检查,并调整横向中心线。同一设备基准中心线的平行偏差或同一生产系统的中心线的直线度应满足安装要求。

7 竖直构件安装时,应采用 2 台经纬仪或全站仪,在相互垂直的两个方向同时检测构件的垂直度,安装固定后应复测验证。

8 构件安装的精度应符合设计要求。当日照、风力等外界环境对大型构件安装精度有显著影响时,应采取消除影响的措施。

7.2.21 厂房改(扩)建测量应优先采用原场区控制测量成果;当无原测控制测量成果时,可依次根据下列要求重建:

1 当有行车轨道的厂房时,应以现有行车轨道中线和轨顶标高为依据。

2 当厂房内有主要设备或改(扩)建后的设备有联动或衔接关系时,应以现有设备中线和安装基准点标高(或设备底座标高)为依据。

3 以主要厂房结构柱拟合中线、厂区高程点为依据。

4 当以原有厂房地坪标高为依据时,应顾及新、旧建筑的沉降差的影响。

7.3 桥梁工程

(Ⅰ)施工控制测量

7.3.1 桥梁工程施工平面控制网应符合以下规定:

1 桥梁平面控制网等级的选用和桥位轴线测量的精度,应符合表7.3.1的规定。

表7.3.1 桥梁平面控制测量等级

多跨桥梁总长(m)	单跨桥长(m)	控制测量等级	桥位轴线相对中误差
$L \geqslant 3000$	$L \geqslant 500$	二等	1/130000
$2000 \leqslant L < 3000$	$300 \leqslant L < 500$	三等	1/70000
$1000 \leqslant L < 2000$ 及高架桥	$150 \leqslant L < 300$	四等	1/40000
$500 \leqslant L < 1000$	$L < 150$	一级	1/20000
$L < 500$	—	二级	1/10000

注:对特殊的桥梁结构,应根据结构特点确定桥轴线控制测量的等级与精度。

2 平面控制网可采用边角网或卫星定位控制网。控制点的数量和密度应能符合桥梁施工的要求,宜布设成大地四边形或双大地四边形,每岸宜设立至少1个~2个轴线控制点。

3 控制点选埋、控制网测量应符合本标准第4章的相关规定。

7.3.2 高程控制测量应符合下列规定：

1 不同规模桥梁的高程控制测量等级的选用，应符合表7.3.2的规定。

表 7.3.2 桥梁高程控制测量等级

多跨桥梁总长(m)	单跨桥长(m)	控制测量等级
$L\geqslant 3000$	$L\geqslant 500$	二等
$1000\leqslant L<3000$	$150\leqslant L<500$	三等
$L<1000$ 及城市高架桥	$L<150$	四等

2 每岸水准点不应少于3个。两岸的水准测量路线，应组成一个统一的水准网。

3 水准测量应符合本标准第4章的技术要求，跨河水准测量应符合现行国家标准《国家一、二等水准测量规范》GB/T 12897、《国家三、四等水准测量规范》GB/T 12898的相关规定。

（Ⅱ）桥梁工程施工放样

7.3.3 桥梁各结构平面放样允许偏差应符合表7.3.3-1的规定，桥梁各结构高程放样允许偏差应符合表7.3.3-2的规定。

表 7.3.3-1 桥梁各结构平面放样允许偏差

位置		允许偏差(mm)
桥梁中心线		±10
桩基	群桩桩中心	±15
	单排桩桩中心	±10
承台或梁		±15
墩、台身		±10
台帽、盖梁		±10
塔柱或索塔倾斜度		$H/7500$，且$\leqslant 12$

注：H为塔柱或索塔的高度。

表 7.3.3-2　桥梁各结构高程放样允许偏差

位置	允许偏差(mm)
桩基底高程	±100
墩台或桥台	±10
墩、台身	±10
台帽、盖梁	±10
桥面纵断高程	±10
现浇梁板顶面高程	±5

7.3.4　桥梁施工放样应符合下列规定：

1　平面位置放样可选用极坐标法、方向交会法、距离交会法、导线法等。

2　高程放样可采用水准测量法或三角高程法等。

3　施工放样应重复测量或构成闭合条件，较差或闭合差符合表 7.3.3-1、表 7.3.3-2 的规定。

（Ⅲ）桥梁监控测量

7.3.5　符合下列条件之一的桥梁，施工过程宜进行监控测量：

1　主跨大于 60m 且采用悬臂施工的梁式桥。

2　主跨大于 60m 的拱桥。

3　斜拉桥。

4　悬索桥。

5　采用预制节段拼装施工的桥梁。

6　设计要求进行监控测量的其他类型的桥梁。

7.3.6　监控测量的内容应符合以下规定：

1　桥梁监控测量的参数应包括：主梁、拱肋和主缆的线形，主塔和主墩的偏位，基础的沉降。

2　应在温度稳定的时间段进行测量。

3　监控测量时应记录温度、风力等环境参数。

7.3.7 不同桥型监控测量的部位宜符合表7.3.7的规定。

表7.3.7 桥梁工程监控测量的部位要求

桥型	几何测量项目	测量部位
梁式桥	主梁标高	主梁标高控制部位
	模板定位标高	模板控制部位
	挂篮定位标高	挂篮控制部位
	铺装标高	铺装面控制部位
拱桥	主拱安装标高	主拱控制部位
	主拱轴线	主拱轴线控制部位
	主梁标高	主梁标高控制部位
	拱座标高	拱座
	水平位移	拱脚活动支座处主梁
	铺装标高	铺装面控制部位
斜拉桥	索塔轴线	索塔轴线
	主梁标高	主梁标高控制部位
	挂篮定位标高	挂篮控制部位
	铺装标高	铺装面控制部位
悬索桥	索塔轴线	索塔轴线控制部位
	主缆线形	主缆控制部位
	索鞍偏位	索鞍
	主梁标高	主梁标高控制部位
	铺装标高	铺装面控制部位

注:桥梁的规模、跨度不同,监控量测的精度会有差异,测量精度应符合相应设计文件的要求。

7.3.8 测量截面及测点布置宜符合以下规定:

1 桥墩的沉降变形观测点,宜沿桥墩的纵、横轴线布设在墩柱外侧或承台面上,每个桥墩的变形观测点数,视桥墩大小布设1点~4点。

2 桥梁墩柱倾斜、主塔偏位的监测截面应布置在顶部，一个截面的测点数不宜小于2个，测量数据应能够反映墩柱、主塔顺桥向和横桥向的偏位。

3 悬臂施工的桥梁，应在主梁每个节段的前端布置观测截面，每个截面布置的测点数量不应少于3个。每次应测量当前节段和相邻接的2个～4个节段，测量数据应能够反映主梁挠度和轴线偏位。

4 拱桥观测截面应布置在拱脚、$L/4$ 拱肋、跨中，每个截面的测点数不宜少于3个。

5 悬索桥主缆观测截面应布置在主缆最大垂度截面的基准索股上，测点数不宜少于2个。

7.3.9 桥梁监控测量的频率和时机，应根据桥梁的类型、施工工序、设计要求及变形情况等因素确定，宜符合以下规定：

1 悬臂施工的梁式桥主梁线形应在挂篮或吊机就位、混凝土浇筑或节段安装、预应力张拉后各进行1次测量。

2 拱桥线形测量在每一段拱肋安装后进行1次测量。

3 斜拉桥主梁线形、主塔偏位应在每一段主梁浇筑或安装后、每一组斜拉索张拉后进行1次测量。

4 悬索桥主缆和加劲梁线形、索塔偏位在每一个主梁节段安装后进行1次测量。

5 桥梁墩柱、索塔的偏位在每个节段安装后进行1次测量。

6 桥梁基础沉降在施工期间宜根据设计要求定期进行测量。

7.4 隧道工程

7.4.1 隧道工程施工测量的工作内容应包括：地面施工控制测量、联系测量、地下控制测量、施工放样和贯通测量等。

7.4.2 暗挖隧道贯通距离不大于1.5km时，隧道贯通测量中误差应符合表7.4.2的规定；贯通距离大于1.5km时，应另行制定技术要求。

表 7.4.2　隧道贯通测量中误差要求

项目	地铁隧道（mm）	公路隧道（mm）	电力、管线等其他市政隧道（mm）
横向贯通测量中误差	±50	±75	±100
高程贯通测量中误差	±25	±25	±50

7.4.3　测量工作开始前，应搜集相关设计资料，对施工现场进行踏勘，根据周边环境、地面控制网、机具进入隧道方式、贯通长度和贯通精度，以及机具配置的导向系统的精度、特点和人工测量仪器精度等，进行精度估算，并制定施工测量方案。

7.4.4　暗挖法隧道工程的支导线应采取多次独立观测、布设双导线等技术措施保证精度，水准支点应往返观测。地下工程贯通后应及时进行联测，形成附合路线，保证后续工序的测量精度。

（Ⅰ）地面施工控制测量

7.4.5　暗挖隧道工程的地面平面施工控制测量应符合以下规定：

1　区间的平面控制网应与工程整体控制网联测。

2　平面控制网可采用卫星定位或导线网。采用卫星定位控制网时，卫星定位测量主要技术要求应符合表 7.4.5-1 的规定。

表 7.4.5-1　卫星定位测量主要技术要求

平均边长（km）	最弱点点位中误差（mm）	相邻点相对点位中误差（mm）	最弱边相对中误差
1	±12	±10	1/100000

3　导线测量的主要技术要求应符合表 7.4.5-2 的规定。

表 7.4.5-2　导线测量的主要技术要求

附合导线长度（km）	平均边长（m）	测距中误差（mm）	测距相对中误差	测角中误差（″）	测回数		方位角闭合差（″）	全长相对闭合差	相邻点相对点位中误差（mm）
					1″级	2″级			
≤3	350	±3	1/80000	±2.5	4	6	$\pm5\sqrt{n}$	1/35000	±8

注：n 为测站数。

4　隧道工程的每个井口应布设不少于 3 个控制点，并不少于 2 个通视方向，控制点应分布在竖井井口便于使用的地方。

5　屋顶的控制点标型采用固定观测墩时，应做好接地防雷措施。

6　进行贯通的两个竖井间的控制点应直接联测。

7.4.6　隧道工程的高程施工控制测量应符合以下规定：

1　区间的高程控制网应与工程整体控制网联测。

2　隧道工程的每个井口应布设不少于 2 个水准点，其中一个水准点宜为深式水准点。深式水准点的埋设深度应结合地质条件、施工周期和运营维护需求确定，标底应进入第二含水层，标型宜符合本标准附录 A 的规定。

3　高程控制测量宜符合本标准第 4.3 节二等水准测量的技术规定。

（Ⅱ）竖井联系测量

7.4.7　竖井联系测量应包括地面近井导线测量和地面近井高程测量、竖井定向测量和高程传递测量，以及地下近井导线测量和地下近井高程测量。

7.4.8　地面近井导线和地面近井高程路线应采用附合路线形式，技术要求应符合表 7.4.5-2 和第 7.4.6 条的规定。

7.4.9　施工期间，一个竖井内的联系测量次数不宜少于 3 次，宜在隧道掘进至100m、1/3贯通长度和距贯通面150m前分别进行1次；当地下起始边方位角较差小于12″、地下高程点高程中误差小于5mm时，可取各次测量成果的平均值作为后续测量的起算数据指导隧道掘进与贯通。当贯通长度超过1.5km时，应采取增加联系测量次数、采用两井定向、加测陀螺边等措施，提高联系测量精度。

7.4.10 竖井联系测量应依据现场条件选择直伸联系三角形法、导线直传法、两井定向法、陀螺全站仪（经纬仪）与垂准仪（钢丝）组合法、投点定向法。

7.4.11 采用直伸联系三角形法定向测量时，应符合以下规定：

1 同一竖井内应悬挂2根钢丝组成直伸联系三角形。有条件时，应悬挂3根钢丝组成双联系三角形。

2 每次定向应独立进行3次，悬吊钢丝间距应尽量最大，联系三角形宜成直伸形。

3 仪器至钢丝间距可采用钢尺丈量或粘贴反射片测量，地面、地下同一边的测量较差应小于±2mm。

4 宜选用ϕ0.3mm钢丝，悬挂10kg重锤，重锤应浸没在阻尼液中。

5 应采用标称精度不低于角度测量1″级、距离测量$(2mm+2\times10^{-6}\times D)$的全站仪观测，水平角应观测4测回，外业观测符合表7.4.5-2的技术要求。

7.4.12 采用导线直接传递测量方法时，应符合下列规定：

1 导线直接传递测量应使用满足第7.4.11条第5款要求并具有双轴自动补偿功能的全站仪或经纬仪。

2 导线直接传递测量应独立测量2次，地下定向边方位角互差应小于12″。

3 导线测量时，垂直角不宜大于30°；仪器和觇牌安置宜采用强制对中或三联脚架法；测回间应检查仪器和觇牌气泡的偏离情况，气泡偏离超限时测回间应重新整平。

7.4.13 采用两井定向测量方法时,应符合下列规定:

1 投测的两点宜相互通视,其间距应大于60m。

2 采用悬挂钢丝法时,两个竖井中钢丝的悬挂和联测应符合第7.4.11条第3～5款的要求。

3 也可采用铅垂仪投点实施,投点中误差不应大于±2mm,每次应在基座旋转120°的三个位置,对铅垂仪的平面坐标各测1测回。

4 地下两投测点之间沿连通最短路径布设精密导线,并按照本标准第4章四等导线测量的技术要求施测,按无定向导线平差方法计算井下方位。

5 两次地下定向边方位角互差应小于12″,平均值中误差应小于±8″。

7.4.14 采用陀螺仪、铅垂仪组合定向测量时,应符合下列规定:

1 陀螺仪的定向精度、铅垂仪的投点精度应满足贯通长度、贯通精度的要求。

2 定向测量应采用"地面已知边—地下定向边—地面已知边"的测量程序。地面已知边、地下定向边的陀螺方位角测量每次应测3测回,测回间陀螺方位角较差应小于$2M$(M为陀螺仪标称精度)。

3 陀螺全站仪观测时,应无明显震动、风流、人流影响,并避开高压电磁场;地下定向边边长应大于100m,视线距隧道边墙的距离应大于0.5m。

4 测定仪器常数时,地面已知边应与地下定向边的位置尽量接近,需要时应进行子午线收敛角改正。测前、测后各3测回测定的陀螺仪常数平均值的较差,不应大于仪器的标称精度。

5 测量前应检查陀螺仪器常数的稳定状态。每次陀螺仪、铅垂仪组合定向应在3d内完成。

6 陀螺方位角测量时,绝对零位偏移大于0.5格时,应进行零位校正;观测中的测前、测后零位平均值大于0.05格时,应进行零位改正。

7 铅垂仪投点时，铅垂仪的仪器台与观测台应分离；铅垂仪的基座或旋转纵轴应与棱镜轴同轴，其偏心误差应小于0.2mm；全站仪独立3测回测定铅垂仪的坐标互差应小于3mm。

7.4.15 竖井高程传递测量应符合以下规定：

1 传递高程时，独立观测3次，高差较差应小于±3mm。

2 采用悬吊钢尺进行高程传递测量时，地上、地下的2台水准仪应同时读数，并在钢尺上悬吊与其检定时相同质量的重锤，高差应进行温度、尺长改正。

（Ⅲ）盾构法隧道地下控制测量、施工测量

7.4.16 地下控制测量起算点应采用直接从地面通过联系测量传递到井下的平面和高程控制点。盾构法隧道地下控制测量包括地下施工导线测量、施工控制导线测量和地下施工水准测量、施工控制水准测量。地下工程纵向长度较短时，地下平面、高程控制可一次全面布设。

7.4.17 控制点应埋设在隧道结构上，位于隧道两侧或顶、底板位置，并宜埋设强制对中装置。平面控制点应避开强光源、热源、淋水等地方，控制点间视线距隧道壁及洞内设施应大于0.5m。

7.4.18 施工控制导线测量应符合下列要求：

1 直线隧道平均边长宜为150m，曲线隧道平均边长宜为60m。

2 应随隧道施工及时向前延伸，每次延伸前应对已有施工控制点进行检测。检测点位如有变动应剔除，选择稳定点进行延伸测量。

3 采用的全站仪、经纬仪不应低于2″级，左、右角各测2测回，左、右角平均值之和与360°的较差应小于±6″。

4 导线点横向中误差宜符合式(7.4.18)的要求：

$$m_{\mathrm{u}} \leqslant 0.8 m_{\phi} d / D \tag{7.4.18}$$

式中：m_u——导线点横向中误差(mm)；

m_ϕ——贯通中误差(mm)；

d——导线长度(m)；

D——贯通距离(m)。

7.4.19 施工控制水准测量应符合下列要求：

1 水准点间距不大于200m。

2 应随隧道施工及时向前延伸，每次延伸前应对已有施工水准点进行检测。检测点位如有变动应剔除，选择稳定点进行延伸测量。

3 水准点可利用导线点的标石，也可埋设墙上标志。

4 水准测量技术要求宜按本标准第4.3节二等水准测量要求施测，往返较差、附合差不应大于$8\sqrt{L}$(L为路线长度，以km为单位)。

7.4.20 反力架、洞门圈和基座的安装测量应符合下列规定：

1 应利用井下测量控制点采用极坐标法放样隧道中心线和盾构基座的位置、方向，应利用水准测量方法测设隧道高程控制线以及基座坡度，坐标和高程放样中误差为±5mm。

2 反力架和洞门圈位置应采用三维放样方法放样，反力架安装后和洞门浇筑前应对其经过设计中心的竖直和水平位置进行复测，放样和复测中误差应不大于±10mm。

7.4.21 盾构就位后应采用人工测量方法测定盾构的初始姿态，人工测量与盾构导向系统测量较差不应大于$2\sqrt{2}M$(M为点位中误差)。

7.4.22 盾构姿态测量和盾尾间隙测量应符合下列规定：

1 测量内容应包括横向偏差、竖向偏差、俯仰角、方位角、滚转角和切口里程。

2 盾构姿态计算取位应符合表7.4.22的规定。

表 7.4.22 盾构姿态计算取位要求

名称	单位	计算取位
横向偏差	mm	1
竖向偏差	mm	1
俯仰角	′	1
方位角	′	1
滚转角	′	1
切口里程	m	0.01

3 当盾构始发和距接收工作井 100m 内时，应提高测量频率。

4 姿态测量可采用人工测量或盾构机自身导向测量系统实时测量，自动导向测量应定期人工验证。

5 管片拼装后，应进行盾尾间隙测量。

6 测量标志的设置和测量，应符合下列规定：

1）盾构测量标志点应牢固设置在盾构上，且不应少于3个，标志点可粘贴反射片或安置棱镜。

2）盾构测量标志点的三维坐标应与盾构结构几何坐标建立换算关系。

3）盾构测量标志点测量宜采用极坐标法，并宜采用双极坐标法进行检核，测量中误差为±3mm。

7.4.23 环片姿态测量应符合下列要求：

1 在盾构机姿态测量的同时进行环片姿态测量。

2 环片测量内容应包括环片中心坐标、底部高程和前沿里程，并用报表形式及时提供测量成果。

3 测量时应结合现场状况采用适宜的方法和测量辅助工具，测量误差应小于±3mm。

7.4.24 每次测量完成后，应及时提供盾构机和环片姿态测量成果及偏差值，作为修正其运行轨迹的依据。

7.4.25 壁后注浆完成后，宜进行衬砌环测量，包括衬砌环中心坐标、底部高程、水平直径、竖直直径和前端面里程，测量中误差不大于±3mm。

（Ⅳ）顶管法隧道地下控制测量、施工测量

7.4.26 进行贯通的两个竖井间的控制点应直接联测，并应利用联测成果，测定工作井与接收井洞门中心的坐标和高程，计算实际中心与设计轴线的偏差。

7.4.27 顶管施工前应在工作井底部设置测量基准线和2个以上检核点。基准线的设置和测量应符合以下规定：

1 测量基准线的平面位置宜与顶管中心线重合，基准线一端设置测量平台，另一端设置定向点。

2 测量平台靠近后靠背处，应稳固、强制对中，不与管道、设备、后靠背接触，不受顶管操作的影响。

3 测量基准线应采用直接导线法、直伸联系三角形法等方法自地面控制点引测，作业方法应符合本标准第7.4.7～7.4.15条的规定。

4 施工期间应定期自地面基准点检测井底基准线的稳定性。贯通前100m时，应进行最后一次基准线检测。

7.4.28 日常顶进施工测量，应符合以下规定：

1 应在顶管机头设置明确、有利于照准的标志。

2 每顶进1节应至少观测1次，每次观测应检测基准线的稳定性。

3 宜采用能投射顶管中心线的激光经纬仪或全站仪，顶进作业时在顶管机头处投射出顶管中心线。

4 宜在工作井顶部设置沉降监测点，每天进行沉降监测，评价差异沉降对顶管轴线控制点稳定性的影响。

5 宜每推进100m～150m进行1次管道中心平面坐标和高程的检测，与设计中心比较偏差情况。

（V）自动化引导测量

7.4.29 自动化引导测量系统宜包含数据自动采集系统、数据传输系统、数据处理管理系统及可视化系统等。

7.4.30 自动化引导测量系统设计的主要内容宜包括：

1 实施自动化引导测量的项目、标志点数量、仪器设备的布设方案以及仪器设备现场保护方案。

2 测量仪器的技术指标、要求及设备选型。

3 数据采集装置的布设、通信方式及网络结构设计。

4 自动化数据采集频率及可视化表达方式。

5 独立于自动化系统之外的人工比测方案。

6 自动化引导测量系统供电电源及其防护方案。

7.4.31 自动测量仪器应选用一台或多台稳定可靠的马达驱动型全站仪、电子倾斜仪、测距仪、自动整平基座等传感器，传感器的精度和量程应符合工程需要，其类型、规格宜尽量统一，以降低系统维护的复杂性。

7.4.32 始发井建成后，应利用联系测量建立地下测量控制基准，三维基准点不得少于3个。

7.4.33 盾构法施工的自动化引导系统，应符合下列要求：

1 盾构机测量标志不宜少于3个，测量标志应牢固设置在盾构机顶端，且不在一条线上，间距应尽量大，标志宜采用棱镜。始发前，应通过标定测量确定测量标志点的三维坐标与盾构轴线之间的换算关系。

2 电子倾斜仪应牢固设置在盾构机上，且在盾构机就位始发前设置零位。

3 盾构机引导系统的全站仪，应设置在盾构机后方隧道顶部吊篮的强制对中盘上，全站仪应定期对后视点棱镜进行定向检查。吊篮上应具备给仪器供电和保护的设施，仪器应具备与盾构机驾驶舱内计算机之间的双向数据通信功能，并使地下计算机与地面计算机之间实现双向数据通信。

4 盾构自动引导系统定期发出采集指令，由全站仪测定盾构机上3个或2个目标点坐标、电子倾斜仪采集盾构机的双轴倾斜量，并发回数据，再由计算机融合处理，得到盾构机的实际位置和姿态，通过与设计数据比较，得出盾构机实际位置与设计位置的偏差，在盾构机驾驶舱内的工业计算机上实时显示和表达，指导纠偏。

5 利用地下控制点基准测定盾构机上3个测量标志点的相对误差应在3mm以内；盾构机姿态测量计算数据取位应符合本标准表7.4.22的要求。

6 宜每掘进50m采用人工测量方法进行至少1次检核。

7.4.34 顶管法施工的自动引导测量系统，应符合下列要求：

1 控制终端的计算机应设置在地面，宜采用485通信接口及屏蔽线与地下全站仪、倾角计等传感器连接，实现双向数据通信。

2 顶管机头中心附近宜对称设置2个棱镜标志，以确定机头中心和转角。工作时，应解算得到机头中心的实际坐标与姿态，再与设计数据比较，得出实际偏差并显示和表达，提供纠偏。

3 顶管内全站仪应能自动照准，应配置自动整平基座、供电设施及通信装置。

4 采用全站仪导线法时，顶管始发井中的全站仪测站应架设在强制对中观测墩上，测站仪器具有保护仪器设备的设施。顶管内的全站器手柄上通过连接器安置单棱镜，且保持与仪器旋转纵轴在一条铅垂线上。自动引导测量系统定期发出采集指令，由井口全站仪1测回后视基准点，再逐站向顶管内的全站仪1测回传递测量，全站仪之间实施对向测量，直至测量到机头附近的2个棱镜，采集系统构成一条自动三维导线，所有数据实时发回控制终端的计算机进行联合计算。

5 采用全站仪、测距仪、倾角计等多传感器联合定向时，各传感器应同步观测，所有数据实时发回控制终端的计算机进行联合计算。

6 宜每200m定期采用人工测量方法进行检核，并在贯通前增加检核次数。

7.4.35 在全站仪运行期间，应定期对测站、基准点的稳定性进行检查；全站仪自动化测量系统宜有自动剔除粗差、漏点补测、超限重测的功能；全站仪测站与基准点、目标点间应具有较好的通视条件。

7.4.36 现场网络通信设计应符合下列要求：

1 现场网络通信包括仪器测站之间和控制中心计算机之间的数据通信，应根据工程的实际需求，在保证通信质量的前提下，选择经济实用、维护方便的通信方式。

2 测站之间和控制中心计算机之间可采用屏蔽线、光纤、电话线、无线连接。

7.4.37 应对自动化引导系统定期进行系统检查，对原始数据库与成果数据库做好存档备查。

7.4.38 自动化引导系统应具有在线采集、计算和显示功能，宜包括：

1 数据准备：工程信息输入、设计线路要素输入、初试数据输入。

2 测量计算：利用自动照准型全站仪或电子倾斜仪采集数据，计算盾构机或顶管机头的水平偏差、竖直偏差和姿态角。

3 查询显示：在软件主界面上显示姿态偏差信息，及对历史偏差信息的查询。

7.4.39 系统应具备数据实时发布和定时发布的功能，并能进行数据异常情况下自动报警或故障显示。

7.4.40 实施自动化引导测量，宜配备独立于自动引导测量的人工测量设备，确保仪器设备故障时能启用人工引导测量。

7.4.41 自动化引导测量系统应保持良好的工况，并定期采用人工测量设备对自动化系统进行校核。发现异常情况,应分析原因,并及时修复。

7.4.42 自动引导系统应起算于相对稳定的起算点。起算点的稳定性应定期检测和校正,检测周期不宜大于1个月。

7.5 城市轨道交通工程

7.5.1 城市轨道交通工程施工测量的主要工作内容应包括线路平面控制网测量、线路高程控制网测量、区间(地下隧道、高架、地面线)和车站等土建结构施工测量、轨道施工测量、车辆基地施工测量、设备安装测量等内容。

7.5.2 城市轨道交通工程线路平面控制网测量,应符合以下规定:

1 起算于3点以上的城市二等控制点或SHCORS基准站。

2 控制网沿地铁线路走向布设,平面控制点每个车站不少于1个,明挖段、高架段控制点间距不大于1000m。

3 相邻控制点应相互通视,车站附近的控制点还应与设计车站的两端通视,控制点标型采用强制归心观测标(墩)。

4 控制网观测宜采用卫星定位静态测量方法,并采用全站仪逐段水平角和边长校测,符合控制网整体精度和相邻点相对精度双重指标的要求。

5 卫星定位静态测量应符合现行国家标准《城市轨道交通工程测量》GB/T 50308中二等线路控制网的相关要求。

6 全站仪逐段水平角校测,应采用标称精度1"级及以上全站仪,校测沿线所有相邻点的水平夹角关系,按本标准表4.2.15中四等导线的技术要求观测。逐段边长校测,应采用标称精度不低于($1mm+1\times10^{-6}\times D$)的全站仪,并符合表7.5.2-1的技术要求。

表 7.5.2-1　边长观测的各项限差要求

观测方式	测回数	1 测回读数次数	1 测回读数间互差	单程测回间互差	同一水平面上往返测差
往、返各 1 次	2	3	≤3mm	≤3mm	≤5mm

7　边长与角度校测的限差应符合表 7.5.2-2 的技术要求。

表 7.5.2-2　轨道交通卫星定位控制网相邻边角关系校测的限差要求

相邻点水平角校测		相邻点边长校测	
边长≥1km 时	边长<1km 时	边长≥1km 时	边长<1km 时
≤±5″	≤±8″	相对精度优于 1/10 万	较差<10mm

注：相邻点的边长检测应采用往返观测平均值，偏离中央子午线 20km 以上时应进行投影改正。

8　相同点位的控制网点与原有城市控制点的坐标较差应不大于 50mm。

9　后期线路的换乘车站应充分利用前期建设时已有控制点进行控制测量的衔接。当线路间重合点平面坐标较差不大于 25mm 时，平差时应采用前期线路的坐标值进行强制约束；若线路间重合点平面坐标较差大于 25mm 时，应利用当前平差成果实测已施工工程的线路特征点，以便进行线路间的衔接设计。

7.5.3　城市轨道交通工程线路高程控制网测量，应符合以下规定：

1　采用吴淞高程系，以基岩标作为起算基准点，起算数据确定后不得变更。

2　每个车站水准点个数不少于 2 点，且其中一个为深式水准点，布设时考虑控制点资源共享。当车站与车站相邻不大于 600m 时，可共用同一深埋高程控制点。高架区间段深埋点间距不宜超过 3km。

3　深埋水准点宜选第二含水层作为持力层。

4　水准测量应符合本标准第 4.3 节中二等水准的技术

要求。

7.5.4 城市轨道交通工程控制网应定期复测，并应符合以下规定：

1 首次测量完成后，平面和高程控制宜在半年后进行第1次复测。

2 以后平面控制网每年复测1次，高程控制网每半年复测1次，直至工程结束。

3 复测应按原测相同的测量方法、不低于原测的精度要求实施。

4 应进行控制点历次坐标分量或高程值的较差比较，较差大于$2m$（m为坐标分量或高程较差的中误差）时，应查明原因或复测确认。

7.5.5 城市轨道交通工程地下隧道区间的施工测量应符合本标准第7.4节的相关规定，高架区间的施工测量应符合本标准第7.3节的相关规定，地下车站的施工测量应符合本标准第7.2节的相关规定。土建结构完成后的控制点恢复、建筑限界测量应符合现行国家标准《城市轨道交通工程测量规范》GB/T 50308的相关规定。

7.5.6 城市轨道交通工程的轨道施工测量、车辆基地施工测量、设备安装测量，应符合现行国家标准《城市轨道交通工程测量规范》GB/T 50308的相关规定。

7.6 道路工程

7.6.1 道路工程施工测量的工作内容，包括控制测量、道路纵横断面测量及道路施工放样。

7.6.2 平面控制测量可根据道路等级、周边环境复杂程度，选用四等、一级或二级精度，可采用卫星定位测量或导线测量等方法实施，并符合本标准第4.2节的相应技术要求。

7.6.3 高程控制测量宜采用水准测量方法进行，应布设为附合水准路线或闭合水准路线。测量等级不宜低于四等，并符合本标准第4.3节的相关规定。

7.6.4 道路纵横断面测量应符合本标准第5.5节的相关要求。

7.6.5 道路施工放样应符合以下要求：

1 道路施工平面位置放样宜采用全站仪导线法、极坐标法或卫星定位动态RTK法；高程放样应采用水准仪法。

2 施工前应对道路中线桩进行复核测量，中桩相对于设计中线的横向偏差不应超过50mm。

3 施工道路高程复核测量宜采用水准仪，水准仪使用前宜进行仪器 i 角检验与校正。

4 高程复核测量成果应有自身的检核，高程引测路线应采用闭合水准路线或附合水准路线、往返水准路线，计算闭合差，并符合表7.6.5的规定。在闭合差符合要求的情况下，分配闭合差计算各点高程。

表7.6.5 高程引测的精度要求

等级	每公里高差中误差（mm）	往返较差、附合或环线闭合差（mm）	检测已测测段高差之差（mm）
四等	±10	$\pm 20\sqrt{L}$	$\pm 30\sqrt{R}$
五等	±15	$\pm 30\sqrt{L}$	$\pm 40\sqrt{R}$

注：1 L 为路线长度。计算往返较差时，L 为水准点间的路线长度（km）；计算附合或环线闭合差时，L 为附合或环线的路线长度（km）。

2 R 为检测测段长度（km）。

5 道路施工前应测设护桩、里程桩、道路边桩及路面高程桩。

7.7 地下管线工程

7.7.1 当采用盾构法、顶管法等工法敷设大型地下管线时，施工测量应符合本标准第 7.4 节的相关要求。当采用明挖法、定向钻法敷设地下管线时，平面控制测量、高程控制测量应符合本标准第7.6.2条和第 7.6.3 条的相关要求。

7.7.2 采用明挖法敷设地下管线，施工测量应符合以下要求：

1 在平面和高程控制测量的基础上，地下管线施工测量可采用卫星定位 RTK 测量、导线测量及全站仪极坐标测量等方式进行。

2 沟槽开挖前，应测设沟槽的中线、边线，点位间距不宜大于 10m；应垂直于井位测设龙门桩，桩位应偏离沟槽宽度 500mm 以上。沟槽开挖过程中，应测设临时标高标志，点位间距不宜大于 10m，标志高出管顶不宜小于 300mm。相对于邻近控制点，平面和高程测量误差应小于 50mm。

3 管道主体敷设前应测设腰桩，点位间距不宜大于 10m，打设在管道上顶的 10mm 处；应恢复井位桩并测量井底标高，相对于邻近控制点的高程测量误差应小于 10mm。

7.7.3 采用定向钻法敷设地下管线，施工测量应符合以下要求：

1 根据图纸实地放样管线中心轴线，轴线点间距宜不大于 3m。

2 实地放样入土点和出土点，其平面横向误差不大于 20mm，轴线方向误差不大于 40mm。

3 确定钻机安装位置、工作坑位置、作业场地位置。

4 复核入土点、出土点坐标和两点间的水平距离。

5 在入土点，根据管线中心轴线、占地宽度和长度，放出管道制作场地边界线和工作坑等占地边界线，标出拖管车出入场地的路线和地点。

7.8 水利与水运工程

7.8.1 水利与水运工程施工测量的主要工作内容包括：施工控

制网测设、水工建(构)筑物施工放样、吹填施工测量、疏浚和航道整治施工测量等。

7.8.2 施工控制网包含平面和高程控制网，布设应符合以下要求：

1 施工控制网等级，宜根据工程规模和施工精度要求按表7.8.2选用。

表 7.8.2 施工控制网等级

工程规模	平面控制网		高程控制网	
	混凝土建(构)筑物	土石建(构)筑物	混凝土建(构)筑物	土石建(构)筑物
大型工程	二等	二等或三等	二等或三等	三等
中型工程	三等	三或四等	三等	四等
小型工程	四等或一级	一级	四等	五等

2 控制网宜整体布设、分级实施，同时其等级的确定应考虑到测区内实际可能的平均边长及将来施工扩展的需要。

3 吹填现成施工区的施工控制网宜每2个月复测1次，直至控制网稳定；控制网稳定后可半年复测1次。

4 平面控制网可采用卫星定位、边角网(导线)等方法测量。各等级平面控制网的布设和其他技术要求应符合本标准第4章的相关规定。

5 平面控制加密网可同首级等级扩展也可低于首级网等级，整体平差后应符合相应等级精度要求。加密网平面控制宜选用首级网中通过检测的一个点的坐标和一条边的方位角作为起算数据，不宜在最弱点附近扩展。

6 平面控制点的相邻点位中误差不应大于10mm。对于大型的、有特殊要求的水工建(构)筑物施工项目，其最末级平面控制点相当于起始点或首级网点的点位中误差不应大于10mm。

7 高程控制网起算点的引测应不低于四等水准测量精度。

其中,水工建(构)筑物施工放样高程控制测量应按三等及三等以上水准测量精度。

8 高程控制网的最弱点相当于起算点的高程中误差,对于混凝土建(构)筑物不应大于10mm,对于土石建(构)筑物不应大于20mm。

9 高程控制测量的其他技术要求,应符合本标准第4章的有关规定。

(Ⅰ)水工建(构)筑物施工放样

7.8.3 水工建(构)筑物施工放样工作内容包括:水上沉桩施工放样、水域基槽和水域抛石施工放样、沉箱和扶壁安装放样、填筑及混凝土建(构)筑物施工放样、水上建(构)筑物附属设施安装测量等。

7.8.4 水上沉桩施工放样宜采用RTK法、交会法、极坐标法、直角坐标法等施工定位方法,应符合以下规定:

1 放样前,根据测量控制点和桩位平面图计算放样参数,并绘制定位图及数据表。定位测量之前应对桩位控制点和后视点的位置进行复核。

2 采用卫星定位RTK法时,应符合本标准第5.2节RTK图根控制测量的相关规定。

3 采用交会法、极坐标法、直角坐标法等施工定位方法,其桩位放样应符合表7.8.4的要求。

表7.8.4 桩位放样精度及仪器等级

测量仪器至桩的距离 D(m)	$D\leqslant 200$	$200<D\leqslant 500$	$500<D\leqslant 900$	$900<D\leqslant 1000$
角度允许测设误差(″)	26.0	10.0	6.5	5.0
光电测距允许相对误差	1/9000	1/20000	1/32000	1/40000
测角仪器	6″级	6″级	2″级	2″级

4 前方交会时，相邻两台仪器视线的夹角控制在30°～150°。

5 采用3台仪器作角度或方向交会时，所产生的误差三角形的重心到三角形各边的距离不大于50mm。

6 斜桩应控制桩位、斜度和平面扭角。

7 在前、后视距相等的条件下，可采用水准仪测设定位标高和停锤标高。

8 随时观测桩位变化情况，沉桩结束时测定沉桩施工偏位。

7.8.5 水域基槽和水域抛石施工放样应符合以下规定：

1 基槽和基床的轴线、边线、起点、终点、转向点和标高变化点宜采用全站仪或RTK进行定位；边坡测设允许误差不应大于0.5m。

2 水域基槽开挖断面测量宜采用测深锤或测深仪进行，其断面间距不应大于10m。

3 水域基床和防波堤水域抛石断面测量宜采用测深锤进行，其断面间距不应大于10m。

7.8.6 沉箱和扶壁安装放样应符合以下规定：

1 顺岸和突堤式码头的沉箱或扶壁安装，宜采用交会法、极坐标法或RTK法控制其顶部或设定的测量标志位。

2 沉箱墩式码头首个沉箱的定位宜采用交会法、极坐标法或RTK法。

7.8.7 填筑及混凝土建(构)筑物施工放样，应符合以下规定：

1 填筑及混凝土建(构)筑物以轮廓点为放样点，宜采用交会法、全站仪极坐标法或RTK法。

2 各类建(构)筑物轮廓点的放样精度应符合表7.8.7-1的要求。

表 7.8.7-1 填筑及混凝土建(构)筑物轮廓点施工放样精度要求

建筑材料	建(构)筑物名称	测量误差(mm)	
		平面	高程
混凝土	主坝、厂房、船闸、船台、船坞、码头等各种主要水工建(构)筑物	±20	±20
	各种导墙及井、洞衬砌	±25	±20
	副坝、围堰心墙、护坦、护坡、挡墙、防汛墙(堤)等	±30	±30
土石料	临时围堰、碾压式坝(堤)边线、心墙、面板堆石坝等	±40	±30
	各种坝(堤)内设施定位、填料分界线等	±50	±30

注:测量误差是放样点相当于邻近控制点而言。

3 建(构)筑物混凝土浇筑及预制构件拼装的竖向测量的精度应符合表 7.8.7-2 的要求。

表 7.8.7-2 建(构)筑物竖向测量的精度要求

工程项目	相邻两层对接中心线的相对误差(mm)	相对基础中心线的允许误差(mm)	累计误差(mm)
厂房、开关站等的各种构架、立柱	±3	$H/2000$	±20
闸墩、栈桥墩,船闸、厂房等侧墙	±5	$H/1000$	±30

注:H 为建(构)筑物的高度(mm)。

4 所有混凝土结构工程的标高应从邻近的施工高程控制点引测。

7.8.8 水工建(构)筑物附属设施安装测量的偏差指标,应符合以下规定:

1 水工建(构)筑物附属设施安装测量工作,可按照现行国家标准《精密工程测量规范》GB/T 15314,宜采用交会法、极坐标法。

2 安装测量的偏差控制指标应符合表 7.8.8 的要求。

表 7.8.8 水工建(构)筑物附属设施安装测量的允许偏差指标

设备种类	细部项目	允许偏差(mm)		备注
		平面	高程	
压力刚性管线安装	始装节管口中心位置	±5	±5	相对刚性管轴线和高程基点
	有连接的管口中心位置	±10	±10	
	其他管口中心位置	±10	±15	
平面闸门安装	轨间间距	−1～+4	—	相对门槽中心线
弧形门、人字门安装	—	±2	±3	相对安装轴线
龙门吊车、起重机轨道安装	轨距	±5	—	一条轨道相对于另一条轨道
	平行轨道相对高差	—	±10	
	轨道坡度	—	$L/1500$	
滑道安装	斜坡滑道、基床整平标高	—	±10	相对轨道中心线和高程基点
	轨道安装	±3	水上±2 水域±3	

注:1 L 为龙门吊车、起重机轨道长度(mm)。

2 垂直构件安装,同一铅垂线上的安装点点位中误差不应大于±2mm。

3 安装前应测设安装轴线和高程基点,应埋设稳定的测量标志,并采取保护措施,保证在整个安装过程中稳定可靠。

4 安装测量作业应使用精度不低于 DS_3 型的水准仪和 2″级及以上全站仪或经纬仪。

5 安装定位后,应以安装基准点为依据,以不低于安装放样时的精度进行检测确认。

(Ⅱ) 吹填施工测量

7.8.9 吹填施工测量应包括施工前、完工后和竣工地形测量,施工期的检查测量,吹填区垂直位移观测和围埝水平位移观测等。

7.8.10 吹填施工区布设控制网较困难时，可沿围埝布设图根点，并与二级以上的工程控制网联测；高程控制网点应与附近四等以上水准点联测，并应埋设工作水准点，用图根水准测定图根点高程。

7.8.11 地形测量应符合下列规定：

1 测量内容应包括吹填区围埝、泄水口、陆上排泥管线位置，陆上排泥管线出、入口高程、沉降杆位置原地面高程及围埝外20m内的地形。

2 测量前应检查控制点平面位置和高程。

3 吹填区地面高程采用断面法或方格网法测定时，断面间距、点距不应大于图上20mm。地形起伏较大时，应适当缩小点距。

4 吹填区内测量的点位中误差不应大于图上2mm；高程测量误差不应大于50mm。

5 吹填区水域地形测量应符合本标准第5.4节的相关规定。

7.8.12 吹填区内垂直位移监测应符合下列规定：

1 吹填区垂直位移监测采用设立沉降杆的方法，沉降杆的位置和数量应根据工程需要和土质情况确定。

2 沉降杆应稳固地竖直设置在吹填区原地面上，并应采取相应的保护措施。

3 沉降杆应进行编号并测定其原始高程，其高程测量误差不应大于10mm。

7.8.13 围埝水平位移观测应符合下列规定：

1 观测基准点的精度不应低于图根点的精度。

2 围埝埝体监测点应按断面法布设，并不应少于3个断面，中段和转角处应设观测断面且每个断面监测点不少于3个。

3 观测周期应根据地质情况及吹填要求而定，特殊情况下应适当加密观测，初始值应取2次重复观测的平均值。

（Ⅲ）疏浚、航道整治施工测量

7.8.14 疏浚、航道整治施工测量应符合以下规定：

1 疏浚、航道整治施工测量宜采用卫星定位 RTK 法、交会法、极坐标法等施工定位。

2 施工放样精度应符合表 7.8.14-1 的规定。

表 7.8.14-1 施工放样精度

区域	点位中误差(m)	高程中误差(m)
陆域	± 0.25	± 0.02
水域	± 0.50	± 0.10

3 采用交会法、极坐标法放样的主要技术要求应符合表 7.8.14-2和表 7.8.14-3 的规定。

表 7.8.14-2 前方交会法放样的主要技术要求

交会边长(km)	≤1.4	≤2.6	≤3.2
样桩点位中误差(m)	±0.25	±0.5	±0.5
角度测设中误差(″)	±20	±20	±20

注：交会角宜为 30°～150°。

表 7.8.14-3 极坐标法放样的主要技术要求

测站至样桩最大距离(m)	样桩点位中误差(m)	角度测设中误差(″)	测距相对精度
100	±0.25	±20	1/2000
400	±0.25	±20	1/2000
600	±0.50	±20	1/2000
800	±0.50	±20	1/2000

7.8.15 疏浚和航道整治应在施工前、竣工后，各进行 1 次水域地形测量，验证疏浚和航道整治结果，技术要求按本标准第 5.4 节的相关规定。

8 建筑工程“多测合一”

8.1 一般规定

8.1.1 建筑工程“多测合一”,内容包括建筑工程项目前期的开工放样复验检测,竣工阶段的规划土地综合验收测绘、绿地面积测量、民防工程面积测绘、机动车停车场(库)测量、消防测量和房产测绘等全流程测绘服务(市政交通类线性项目除外)。本标准未涉及房产测绘的技术要求,房产测绘应另行执行现行国家、上海市相关标准。

8.1.2 “多测合一”应采用上海平面坐标系统和吴淞高程系。

8.1.3 “多测合一”测量前的资料搜集,宜包括以下内容:

1 设计资料:包括总平面图、分层平面图、立面图、剖面图及相关设计说明。

2 建筑工程、道路桥隧工程、轨道交通工程及地下管线工程还应搜集建设工程规划许可证及项目表、土地勘界报告资料及规划控制线的相关资料。

8.1.4 “多测合一”控制测量的等级可采用图根及以上等级,控制测量应符合本标准第4章及第5.2节的相关规定。

8.1.5 “多测合一”的精度应符合以下要求:

1 测量点位精度应符合下列要求:

1) 建(构)筑物和起境界作用的围墙、栅栏等重要地物点相对于邻近控制点的中误差不得大于50mm,施测困难地区的地物点点位中误差,可按上述规定放宽0.5倍。

2) 一般地物点相对于邻近控制点的中误差不得大于100mm,施测困难地区的地物点点位中误差,可按上述规定放宽 0.5 倍。

3）检测有明显标记的放样点时，实测坐标与放样坐标之限差不得大于 70mm。

2 间距（或边长）的精度应符合下列要求：

1）一般地物点的间距（或边长）检测中误差不得大于 70mm，施测困难地区的地物点间距（或边长）限差，可按上述规定放宽 0.5 倍。

2）对有明显标记的两相邻放样点间实测间距与理论间距之较差不得大于 70mm。

3）建（构）筑物边长和四至距离、退界距离测量的精度应满足表 8.1.5-1 的规定。

表 8.1.5-1 建（构）筑物边长和四至距离、退界距离测量的精度要求

范围	单一边长	分段量边之和与一次量边的差值	间距及退界
$L\leqslant 10$m	≤2cm	≤3cm	≤5cm
10m$<L\leqslant$50m	$\leqslant 0.002L$	$\leqslant 0.003L$	5cm～10cm
$L>50$m	≤10cm	≤15cm	≤15cm

注：1 L 为被测边长，单位为米（m）。

2 本表精度要求按数字修约规定，进位至厘米（cm）。

3 施测困难地区的精度要求可放宽 0.5 倍。

3 建（构）筑物底层室内、外地坪的标高测量中误差不应大于 50mm，高度测量中误差不应大于 50mm，施工困难或非特征部位可放宽 0.5 倍。建（构）筑物的高度控制按表 8.1.5-2 执行。

表 8.1.5-2 建（构）筑物的高度控制

建筑高度 H	$H\leqslant 24$m	24m$<H\leqslant$60m	60m$<H\leqslant$100m	$H>100$m
误差率	0.5%	0.3%	0.2%	0.15%
最大误差值（m）	0.1	0.15	0.2	0.5

4 建(构)筑物面积精度应符合式(8.1.5)的要求。

$$m_S \leqslant \pm(0.02\sqrt{S}+0.001S) \quad (8.1.5)$$

式中：m_S——面积测算的中误差(m^2)；

S——面积(m^2)。

8.1.6 “多测合一”的地形测量和规划要素测量应符合下列要求：

1 地形测量方法按照现行上海市工程建设规范《1：500 1：1000 1：2000 数字地形测量规范》DG/TJ 08－86，按1：500比例尺进行施测。建(构)筑物地形测量时，以建(构)筑物勒角以上位置为测量部位。

2 规划要素测量应采用以下方法：

1) 边长测量、周边关系测量一般采用直接法进行，难以用直接法的，可用间接法进行施测。

2) 高度、高程测量可采用几何水准、钢尺丈量、三角高程、GNSS 测量等方法进行。

8.2 房屋建筑工程

8.2.1 房屋建筑工程规划土地综合验收测量的内容包括：

1 基地界址点与规划控制线的测算。

2 建设基地高程测量。

3 建设基地面积、建(构)筑物占地面积、建筑面积、容积率、建筑密度的测算。

4 建(构)筑物周边关系测量。

5 建(构)筑物高度测量。

6 主体建筑立面分层标高测量。

7 建设基地绿化面积测量。

8 道路用地测算。

9 停车场面积(或泊位数量)测算。

10 围墙长度和高度测量。

11 公共建设用地测算。

12 开放空间面积测算。

13 其他规划要素测量。

8.2.2 地形测量应符合以下规定：

1 测量范围应包含规划用地许可证法定的范围。

2 测量内容包括建设基地内的地形地物、建（构）筑物及附属设施，同时应标示建设基地的范围、新建建（构）筑物的平面尺寸及四至距离。

3 其他测绘内容包括柱廊、檐廊、架空通廊、底层阳台、门廊、门顶、门和室外楼梯及和房屋相连的台阶、开放空间、停车位等。

8.2.3 基地界址点与规划控制线测算应符合以下规定：

1 建设基地界址点坐标应以城市土地管理部门提供的房屋土地权属调查报告书中的勘定数据或边界条件为基准，现场实测勘定的界址点并进行计算。

2 规划控制线应以城市规划管理部门提供的数据或边界条件为基准，现场实测规划控制点并进行计算。

8.2.4 面积测算应符合以下规定：

1 面积测算应按水平投影面积测算，建（构）筑物面积宜按直接法测得的边长计算；道路等其他非建（构）筑物的面积可使用直接法或间接法计算。面积测算取位至 $0.1m^2$。

2 建设基地面积以城市规划管理部门正式划定的规划控制线与城市土地管理部门核发的用地范围界址线相结合的用地面积为准，实测建筑工程用地规划控制线和界址线各拐点坐标，根据实地采集的坐标值及其相关数据计算建筑基地的面积。

3 应分别计算每幢建（构）筑物的占地面积，并累加计算基地内所有建（构）筑物的占地面积。

4 建筑面积的计算，按照城市规划管理部门的有关技术规定及现行国家标准《建筑工程建筑面积计算规范》GB/T 50353 执行。

5 每幢建(构)筑物总面积包括每幢建(构)筑物地上、地下建筑面积之和,基地内建筑总面积按基地内每幢建(构)筑物面积累加计算。

6 建筑容积率的计算应符合以下规定:

1)在计算容积率时,地下室、半地下室的建筑面积不计;屋顶层建筑面积不超过标准层建筑面积 1/8 的不计。

2)在浦西内环线以内的建筑基地内,设置为地区服务的市政公用设施(如变电站、电话局),当该设施设置在拟建建(构)筑物内的,在计算容积率时,可不计算该设施的建筑面积;当该设施单独设置时,在计算容积率时,可不计算该设施的建筑面积,但在计算建筑密度时,必须计入该设施占地面积。

3)高、多层民用建筑底层设架空层用作通道、停车、布置绿化小品、居民休闲设施等公共用途时,其建筑面积不计入建筑容积率,应计入总建筑面积。

7 开放空间面积测算必须同时符合以下条件:

1)沿城市道路、广场留设。

2)任一方向的净宽度在 6m 以上,实际使用面积不小于 $150m^2$。

3)以净宽 1.5m 以上的开放性楼梯或坡道连接基地地面或道路,且与基地地面或道路的高差在±5.0m 以内(含±5.0m)。

4)提供室内连续开放空间的,其最大高差为−5.0m 至+12.0m,且开放地面层。

5)向公众开放的绿地、广场,应设置座椅等休息设施。

6)常年开放,且不改变使用性质。

8 开放空间有效面积的计算按式(8.2.4)计算:

$$F_{开}=M_{开}\times N \quad (8.2.4)$$

式中：$F_{开}$——开放空间的有效面积（m^2）；

$M_{开}$——开放空间向公众开放的实际使用面积（m^2）；

N——有效系数。

9 开放空间有效面积计算公式中（N）按以下条件确定：

1） 室外开放空间在地面层的，其地坪标高与道路或基地地面高差在±1.5m以内（含±1.5m）时，$N=1.0$。

2） 室外开放空间在屋面上或为下沉式广场的，其标高与道路基地地面高差在＋1.5m至＋5.0m（含＋5.0m）或－1.5m至－5.0m（含－5.0m）时，$N=0.7$。

3） 提供室外开放空间，其标高与室外基地地面的高差在±5.0m以内，或提供室内连续开放空间，其标高与室外基地地面的高差在－5.0m至＋12.0m时，$N=1.0$。

8.2.5 建（构）筑物周边长度一般应使用钢尺或测距仪全部实测。丈量边长读记至厘米（cm），丈量精度应符合本标准第8.1.5条的要求。建（构）筑物边长和退界距离精度控制要求、建（构）筑物总长与分段边长之和的较差应小于100mm。

8.2.6 建（构）筑物高度的计算应符合以下规定：

1 挑檐屋面自室外地面算至檐口顶加上檐口挑出的宽度。

2 有女儿墙的屋面，自室外地面算至女儿墙顶。

3 屋面坡度小于45°（含45°），自室外地面算至檐口顶加上檐口挑出宽度。

4 屋面坡度大于45°，自室外地面算至屋脊顶。

5 水箱、楼梯间、电梯间、机械房等突出屋面的附属设施，其高度在6m以内，且水平面积之和不超过屋面建筑面积1/8的，不计入建筑高度。

8.2.7 建（构）筑物周边关系测量应符合以下规定：

1 如有规划部门批准的建设工程规划许可证的，必须按规划许可证所附总平面图纸上的所示尺寸部位测量；如建设工程规划许可证未附外控尺寸的，则测量被测建(构)筑物的最外突出部分与相邻建(构)筑物的最短垂直距离。

2 邻近城市规划控制线的建(构)筑物，则要测量被测建(构)筑物至城市规划控制线的距离；如遇到圆弧形的控制线，则要测量建(构)筑物两端至控制线的最短距离。

3 被测建(构)筑物位置如果有条件直接量测的，则用直接法进行测量；如果没有条件用直接法测量的，则可采用间接法测量后用坐标反算求得。

4 建(构)筑物至城市规划控制线的距离如有控制线界桩的，则可用直接法测量；否则，用间接法测得建(构)筑物的坐标，再通过计算求得与城市规划控制线的距离。

5 绘制建筑工程各阶段平面图，应注明与周边建(构)筑物及建筑工程用地起境界作用的边界间距。

6 建筑工程用地起境界作用的围墙，可用直接法测量其长度及高度，读记至厘米(cm)，丈量精度应符合本标准第8.1.5条的要求，围墙总长度与分段边长之和的较差应小于100mm。如果无条件用直接法测量，可采用间接法测量。

8.3 路桥隧工程

8.3.1 路桥隧工程规划土地综合验收测量主要包括道路工程、桥梁工程、隧道工程等工程类型。

8.3.2 路桥隧工程规划土地综合验收测量的内容主要包括：

1 道路、桥梁、隧道中心线平面位置测算。

2 道路、桥梁、隧道断面测量。

3 道路、桥梁、隧道长、宽测量。

4 跨线桥、过街天桥净空高度测量。

5 其他规划要素测量。

8.3.3 地形测量应符合以下要求：

1 地形测量的范围除包含规划用地许可证核定的范围外，还应包括工程建设实际起讫范围内道路两侧第一排建（构）筑物（或规划红线）。如两边无建（构）筑物或建（构）筑物离道路较远时，则测量至路基线或排水沟外 10m。线路两端宜测量至施工范围线外 10m。

2 地形测量的重点内容宜包括工程建设范围内道路桥梁边线、人行道、机非分隔带、中央隔离带、路面不同铺装材料的分界线等。

8.3.4 道路、桥梁、隧道中心线平面位置测算的内容包括线路起讫点坐标、中心线上各主要特征点坐标和有关线路曲线要素的测算。测算应符合以下要求：

1 中心线的平面位置测量应以地形测量的数据为基准，直接提取道路中心线各特征点平面坐标、线路曲线要素。

2 难以直接提取道路中心线的，可通过加密测量或图解与道路中心线相关的数据，结合原有经规划核准的设计参数，经拟合、解析计算等方法来确定。

8.3.5 道路、桥梁、隧道断面测量包括纵断面测量、横断面测量。断面测量的方法按照本标准第 5.5 节的相关要求执行。

8.3.6 道路、桥梁、隧道长度测量应按照所确定的道路中心线进行计算，宽度可在地形图上的相关位置直接提取有关成果数据。

8.3.7 跨线桥、过街天桥应测注桥底高程，并测量桥底与路面的净空高度。

8.3.8 桥梁工程规划土地综合验收测量应符合下列规定：

1 在桥梁工程竣工后应对桥梁伸缩缝、桥面及其附属设施进行现状测量。

2 测量桥梁伸缩缝位置与桥梁边线、人行道、机非分隔带、中央隔离带相交处各点高程，并注记在桥梁工程竣工图上。

3 桥梁工程测量时，应由甲方提供或到相关单位调查搜集最高洪水位、常年洪水位、常年枯水位、最低枯水位、通航水位等资料，并应标注在桥梁工程竣工图上。

8.4 地下管线工程

8.4.1 地下管线工程规划土地综合验收测量的内容包括：

1 管线中心线平面位置测量。

2 管线高程及埋深测量。

3 管线长度测量。

4 管线口径、规格及导管孔数测量。

5 其他规划要素测量。

8.4.2 地下管线工程要素测量的方法与要求：

1 地下管线工程规划要素测量一般应以管线跟踪测量成果为基准并直接取用其成果要素；难以直接取用成果的，可通过加测、解析分析等方法综合确定。

2 管线跟踪测量所采集的数据必须符合上海市地下综合管线数据库建库需要。

8.4.3 地下管线工程规划土地综合测量的主要方式包括地下管线测量和地下管线探测。地下管线测量按照现行上海市工程建设规范《地下管线测绘规范》DG/TJ 08－85 的要求执行，地下管线探测按照现行上海市工程建设规范《地下管线探测技术规程》DG/TJ 08－2097 的要求执行。

8.5 城市轨道交通工程

8.5.1 城市轨道交通工程规划土地综合验收测量的内容包括：

1 基地界址点与规划控制线的测算。

2 建设基地高程测量。

3 建设基地面积、建(构)筑物占地面积、建筑面积测算。

4 建(构)筑物周边关系测量。

5 建(构)筑物高度测量。

6 主体建筑立面分层标高测量、净空测量。

7 轨面三维坐标测量。

8 隧道结构中心三维坐标测量。

9 区间线路长度测量、宽度测量。

10 其他规划要素测量。

8.5.2 城市轨道交通工程规划土地综合验收测量的控制测量一般包括地面控制测量、地下控制测量和联系测量。联系测量的要求可按照本标准第7.4节执行。

8.5.3 地面线路及车辆基地(停车场、定修段)的测量按照本标准第8.2节的相关要求执行。测量地面线路范围、车辆基地范围的所有轨道的轨面三维坐标,直线段每隔50m测1组数据,曲线段每隔30m测1组数据。

8.5.4 高架线路的规划土地综合验收测量宜包括以下内容:

1 高架车站部位需对四角的墩柱进行测量;高架区间需测量全部墩柱。

2 高架区间宜测量墩柱上的桥梁外侧平面位置及梁底、梁顶的高程,以确定高架区间的桥梁结构外轮廓。

3 高架车站和高架区间的附属建筑,如架空走廊、楼梯、电梯间、变电室等的测量,应测量其外部角点,以确定其外部轮廓。

4 高架线路的基础墩柱测量:圆形墩柱宜测量墩柱面上的三个点,并通过拟合解算出墩柱中心坐标;矩形墩柱或不规则墩柱宜测量每个墩柱边角点。

5 测量车站范围及高架区间范围的所有轨面的三维坐标,直线段每隔50m测1组数据,曲线段每隔30m测1组数据。

8.5.5 地下线路的规划土地综合验收测量宜包括以下内容:

1 测量车站范围内的所有轨道的轨面三维坐标,直线段每隔20m测1组数据,曲线段每隔10m测1组数据。测量隧道区间20m范围内轨道的轨面三维坐标,直线段每隔20m测1组数据，曲线段每隔 10m 测 1 组数据。

2 测量隧道区间 200m 范围内的隧道结构中心三维坐标，直线段每隔 20m 测 1 组数据，曲线段每隔 10m 测 1 组数据。

8.5.6 车站面积测算按照本标准第 8.2 节的相关要求执行，并应包括下列内容：

1 地面车站应分层测量，主要包括站台层、站厅层、设备层、夹层、架空层、天面设施等。

2 地下车站应分别进行地下和地上建筑面积测量，地下部分包括站台层、站厅层、设备层、夹层、地下通道等内容；地面附属建筑设施主要包括车站出入口、风亭、疏散口、无障碍出口等。

3 高架车站建筑面积测量，主要包括站台层、站厅层、设备层、夹层、天面设施、架空通道等。

8.5.7 地面建(构)筑物的高度、层数和地坪高程测量按照本标准第 8.2 节的相关要求执行。地下建(构)筑物应测量其净空、顶板底板厚度、层数及覆土厚度。地下车站高度测量应测量其结构底板至结构顶板的净空高度和设计 ±0.00 至结构底板的高度。地下车站主体的净空应在规划许可证审批的位置测量，不同的净空高度应分别测量，并在剖面图中明确表示，各层结构厚度可从设计图中获取。

8.5.8 建(构)筑物边长及四至尺寸测量按照本标准第 8.2 节的相关要求执行。

8.5.9 区间线路长度、宽度的计算要求如下：

1 地面线路和高架线路的区间线路长度按照实测轨面三维坐标进行推算。线路直线段按坐标反算计算，曲线段通过拟合方式进行计算，直线段与曲线段长度之和为区间长度。区间长度为各轨道长度的平均值。

2 在进行地下线路测量前应获取业主提供的隧道调线调坡资料，通过调线调坡资料推算区间隧道的长度。

3 线路宽度主要通过地形实测数据解析计算。

8.6 民防测量

8.6.1 民防工程验收测量应包括以下内容：

1 民防工程要素调查。

2 内部空间面积测量。

3 主要出口位置的测量。

4 各层层高及室内标高的测量。

5 其他规划要素测量。

8.6.2 民防工程测量应搜集以下有关部门核定的资料：

1 上海市民防建设工程安全质量监督申报表(含有质监档案编号)。

2 民防工程施工图审查表。

3 民防工程施工图审查意见书。

8.6.3 民防工程要素应包括民防门、口部(扩散室、密闭通道、洗消间、除尘室、滤毒室等)、辅助设施[厕所、风机房、泵房、水库(箱)、防化值班室、通信及配电间、强弱电井、管道井]、人员及物资掩蔽部。调查民防工程要素时,应对民防工程的建筑施工情况与规划设计进行比较,以判别各类空间的性质。

8.6.4 民防工程测量应采用以下方法：

1 根据民防工程战时平面图,判别民防工程各类空间的性质,调查民防工程要素。

2 内部空间面积测量可采用三维激光扫描法、全站仪任意设站法、钢尺或测距仪实测边长的方法进行施测。

3 战时出入口地面位置应实测。

8.6.5 民防工程测量应采集主要出口位置的平面坐标,主要、次要出入口的个数,内部地坪标高、层高数据,关于实地情况的说明等数据。当民防工程存在 2 个及以上主要出入口时,实测战时物资库主要出入口的平面坐标。

8.6.6 民防工程内部空间测量、面积计算应符合以下要求：

1 按照现行上海市工程建设规范《1∶500 1∶1000 1∶2000 数字地形测量规范》DG/TJ 08－86 中 1∶500 比例尺进行施测。

2 测量内容包括民防工程的口部、口部外通道、辅助设施、人员掩蔽部分。

3 民防工程内部如有非民防部分，也应按实测绘。

8.6.7 民防工程测量应测算包括结构面积、口部面积、口部外通道面积、辅助面积、掩蔽面积、使用面积、建筑面积等内容。

8.6.8 民防工程面积计算应符合以下要求：

1 应按每个防护单元分别计算。

2 面积测算前，应对民防内部空间的边长进行校核，各尺寸之间应没有矛盾，整个民防工程内部空间边长应符合其几何图形构成的边长闭合几何关系，分段量测边长之和与总边长应一致，对多余观测引起的边长较差，应进行配赋后，再进行计算。

3 面积测算应按水平投影净面积测算，民防工程面积宜按直接法测得的边长计算；面积测算取 $0.01m^2$。

4 民防工程面积测算应符合现行国家标准《建筑工程面积计算规范》GB/T 50353 的相关规定及民防主管部门的相关规定。

8.6.9 民防工程使用面积＝掩蔽面积＋辅助面积＋口部面积；民防工程建筑面积＝使用面积＋结构面积＋口部外通道面积。

8.7 机动车停车场(库)测量

8.7.1 机动车停车场(库)工程验收测量的内容包括：

1 停车场(库)泊位类型调查。

2 停车场(库)泊位尺寸及数量测量。

3 停车场(库)内部设计要素测量。

4 停车场(库)标志设置调查。

5 其他规划要素测量。

8.7.2 机动车停车场(库)工程还应搜集以下有关部门核定的资料:

1 建设工程交通影响评价和审查意见。

2 停车场(库)附属建(构)筑物类型及建筑面积等数据。

3 机械式停车位的特种设备检验报告。

8.7.3 机动车停车场(库)的地面部分应实测。停车场(库)的地下部分可参考设计平面图或采用全站仪任意设站法、钢尺或测距仪等测量。

8.7.4 普通泊位可分为平行式、垂直式、斜列式,各类泊位的规定尺寸要求按照现行上海市工程建设规范《建筑工程交通设计及停车库(场)设置标准》DG/TJ 08—7 执行;机械停车位的规定尺寸要求按照现行上海市工程建设规范《机械式停车库(场)设计规程》DG/TJ 08—60 执行;无障碍停车位的规定尺寸要求按照现行上海市工程建设规范《无障碍设施设计标准》DGJ 08—103 执行。泊位尺寸的测量应采用直接法测量,测量位置为泊位划线的中心线,不能测量泊位划线的外轮廓线。每个停车泊位都必须做到走到、看到、量到。

8.7.5 机动车停车场(库)的内部规划要素测量,应符合以下要求:

1 通道和坡道宽度:宜使用钢尺或测距仪直接测量。

2 坡道纵坡测量:直线纵坡宜使用全站仪测量平距和高差;曲线纵坡宜实测高差和曲线中心线,在图上量取曲线长度。纵坡按照式(8.7.5)计算:

$$\text{纵坡} = \text{高差}/\text{平距(曲线长度)} \tag{8.7.5}$$

3 净空高度:宜使用测距仪直接测量净空高度,包括通道、泊位、出入口的净空高度,并且在图上标注所有 2.2m 以下的净空高度。

4 其他要素测量:应测量和停车泊位发生空间影响关系的建筑、排水、消防等要素,并上图示意,统计受到影响的车位数量和编号。

8.8 绿地面积测量

8.8.1 绿地面积是指用地范围内的各类绿地，包括公共绿地、宅旁绿地、配套公建所属绿地和道路绿地，绿地面积测量的精度应满足本标准第8.1.5条的要求。

8.8.2 绿地面积的计算范围，应符合以下要求：

1 计算绿地率的绿地面积，包括建筑基地内的集中绿地面积和房前屋后、街坊道路两侧以及规定的建筑间距内的零星绿地面积。

2 绿地下有地下设施或地库时，绿化种植的地下空间顶板标高应低于地块周边道路地坪最高点标高1.0m以下，地下空间顶板上覆土厚度应不低于1.5m（特殊项目方案审核准许的除外），确保符合植物种植条件。

3 植草砖、消防登高面、消防通道不得计入绿地面积。

4 建筑物垂直投影线内绿地不得计入绿地面积。

5 建筑基地内非硬质材料铺装水底的水体，水体不通航、岸边可以种植水生植物的，水体面积计入绿地面积；水体通航的，水体面积不计入绿地面积。

8.8.3 集中绿地的面积不应小于$400m^2$，且至少有1/3的绿地面积在规定的建筑间距范围之外。

8.8.4 绿地面积的计算，应符合以下要求：

1 绿地面积可根据实测的数字化地形图，在计算机上求得。

2 公共建筑实施的屋顶绿化面积超过30%的部分或其他建设项目实施的屋顶绿化，可折算绿地面积，但不得超过建设工程配套绿化面积的20%。屋面地载绿化面积（每块面积不得小于$100m^2$）可按式（8.8.4）折算成地面绿地面积：

$$W_S = W_{ZS} \times G_X \times L_X \tag{8.8.4}$$

式中：W_S——屋顶绿化折算的绿地面积；

W_{ZS}——屋顶绿化总面积；

G_X——建筑屋面高差折算系数；

L_X——屋顶绿化类型折算系数。

其中，建筑屋面高差折算系数（G_X）按表 8.8.4-1 取值，屋顶绿化类型折算系数（L_X）按表 8.8.4-2 取值。

表 8.8.4-1 建筑屋面高差折算系数取值

屋面标高与基地地面标高之高差 H(m)	$1.5<H\leqslant12$	$12<H\leqslant24$	$24<H\leqslant50$
折算系数 G_X	0.7	0.5	0.3

表 8.8.4-2 屋顶绿化类型折算系数取值

类型		花园式	组合式	草坪式
类型指标	平均覆土深度(cm)	≥60	≥30	≥10
	绿化种植面积占屋顶绿化总面积的比例	≥70%	≥80%	≥90%
	园路铺装面积点屋顶绿化总面积的比例	≤25%	≤20%	≤10%
	其他要求	乔灌草覆盖面积占屋顶绿化总面积的比例不低于 70%；园林小品等构筑物占屋顶绿化总面积的比例不大于 5%	灌木覆盖面积占屋顶绿化总面积的比例不低于 50%	无
折算系数 L_X		1.0	0.7	0.5

3 大型购物（娱乐）中心、宾馆、商住等附属经营性停车场地内，种植胸径在 8cm 以上树木的，按每株 $1m^2$ 计入绿地面积。

4 绿地率为绿地面积与用地面积的比值。

5 集中绿地率为集中绿地面积与用地面积的比值。

8.9 消防测量

8.9.1 消防测量是为满足消防需求而对建设基地范围内的建筑、道路等地形地物的形状、位置等要素进行数据采集，经过数据处理进而形成数据报告的测绘活动。

8.9.2 消防测量的内容包括总平面图布局测量和建筑消防高度测量，总平面图布局测量又分为防火间距、消防车道、消防车登高场地、消防救援口等测量。

8.9.3 防火间距测量应符合以下要求：

1 实测建筑与相邻建(构)筑物、堆场、储罐、停车场、铁路之间的距离。建筑物之间的防火间距应按相邻建筑外墙的最近水平距离计算，当外墙有凸出的可燃或难燃构件时，应从凸出部分外缘起算；建筑物与堆场、储罐的防火间距，应为建筑外墙至储罐外壁或堆场中相邻堆垛外缘的最小水平距离；建筑物、储罐或堆场与道路、铁路的防火间距，应为建筑外墙、储罐外壁或相邻堆垛外缘距离最近一侧路边或铁路中心线的最小水平距离。

2 实测建筑屋顶、地下室坡道和地下室顶板上开设的排烟口、采光口与建筑之间的距离。

3 实测建筑之间的连廊宽度和长度。

4 实测 U 形公共建筑、回字形公共建筑相对两翼之间的距离。

8.9.4 消防车道测量应符合以下要求：

1 实测消防车道的净高、净宽、坡度、转弯半径和回车场尺寸以及与建筑外墙的距离等内容。

2 实测消防车道路面相对较窄部位以及车道 4m 净高内两侧突出物最近距离处，以最小宽度确定消防车道宽度。

3 实测消防车道正上方距车道相对较低的突出物，突出物与车道的垂直高度为消防车道净高。

4 实测消防车道内侧车道外缘的半径，作为消防车道的转弯半径。

8.9.5 消防车登高操作场地测量应符合以下要求：

1 实测消防登高操作场地的长度、宽度、坡度和操作场地之间的距离。

2 实测消防登高操作场地与建筑外墙的距离。

3 实测消防登高操作场地侧的裙房、雨棚或其他突出物的进深。

4 实测消防登高操作场地与建筑之间的乔木、路灯和汽车出入口等障碍物情况。

8.9.6 消防救援口测量应实测其位置、尺寸和间距。

8.9.7 建筑消防高度测量应符合以下要求：

1 当建筑屋面为坡屋面时，分别实测建筑室外地面至其檐口、屋脊的高度，取檐口与屋脊高度的平均数作为消防高度。

2 当建筑屋面为平屋面（包括有女儿墙的平屋面）时，实测建筑室外地面至其屋面面层的高度。

3 当同一建筑有多种形式的屋面时，消防建筑高度按上述方法分别测量后，取其最大值。

4 对于台阶式地坪，当位于不同高程地坪上的同一建筑之间有防火墙分隔，各自有符合规范规定的安全出口，且可沿建筑的两个长边设置贯通式或尽头式消防车道时，可分别测量各自的建筑高度。否则，按其中建筑高度最大者确定建筑消防高度。

5 当局部突出屋顶的瞭望塔、冷却塔、水箱间、微波天线间或设施、电梯机房、排风和排烟机房以及楼梯出口小间等辅助用房占屋面面积不大于1/4时，可不计入建筑消防高度。

6 对于住宅建筑，设置在底部且室内高度不大于2.2m的自行车库、储藏室和敞开空间，室内外高差或建筑的地下和半地下室的顶板面高出室外设计地面的高度不大于1.50m的部分，可不计入建筑消防高度。

9 变形监测

9.1 一般规定

9.1.1 本章适用于房屋建筑、桥梁、隧道、水利与水运建(构)筑等的变形监测。

9.1.2 变形监测方案设计应符合以下要求：

1 工作实施前应根据工程需求，搜集水文地质、工程地质资料和设计图纸，并根据工程地质条件、工程类型、工程规模、基础埋深、建筑结构、周边环境和施工方法等因素，进行变形监测方案设计。

2 监测方案宜包括工程特点、监测目的、监测等级、监测项目、监测方法、监测基准网的布设和精度估算、监测点布置、观测周期、项目预警值、使用的仪器设备等内容。

9.1.3 变形监测的等级划分、精度要求及适用范围，应符合表9.1.3的规定。

表9.1.3 变形监测的等级划分、精度要求及适用范围

等级	沉降监测		水平位移监测	适用范围
	变形监测点的高程中误差(mm)	相邻变形监测点的高差中误差(mm)	变形监测点的坐标中误差(mm)	
特等	0.1	0.05	0.3	特高精度要求的变形监测
一等	0.3	0.15	1.0	变形特别敏感的高层建筑、高耸构筑物、工业建筑、重要古建筑；精密工程设施、特别重要的城市基础设施、已有较大变形或病害的结构设施等

续表 9.1.3

等级	沉降监测		水平位移监测	适用范围
	变形监测点的高程中误差（mm）	相邻变形监测点的高差中误差(mm)	变形监测点的坐标中误差（mm）	
二等	1.0	0.5	3.0	变形比较敏感的高层建筑、高耸构筑物、工业建筑、古建筑；特大型和大型桥梁、大中型坝体、重要工程设施、重大地下工程、重要的城市基础设施的变形监测；深度大于 12m 的基坑监测等
三等	3.0	1.5	10.0	一般性的高层建筑、多层建筑、工业建筑、高耸构筑物、5m～12m 的基坑、一般地下工程、危害性一般的大型桥梁等
四等	5.0	3.0	20.0	观测精度要求较低的建（构）筑物、普通滑坡监测、中小型桥梁等

注：1 高程或坐标中误差指相对于邻近的控制点的中误差。

2 特定方向的位移中误差，可参照表中坐标中误差。

3 沉降监测，可根据需要按变形监测点的高程中误差或相邻变形监测点的高差中误差，确定监测精度等级。

9.1.4 一般工业与民用建筑变形监测，结构几何变形的观测精度宜为设计允许变形值的 1/20～1/10，或为 1mm ～2mm；科研对象的结构监测，观测精度宜为允许值的 1/100～1/20，或为0.1mm～0.2mm；应根据工程实际情况采用合理的观测方法。

9.1.5 变形监测网点，宜分为基准点、工作基点和变形监测点。其布设应符合下列要求：

1 基准点，应选在变形影响区域之外稳固可靠的位置。

1) 特等、一等沉降观测，基准点不应少于 4 个；其他等级沉降观测，基准点不应少于 3 个。

2）特等和一等水平位移基准点数不应少于4个，对其他等级不应少于3个；当采用视准线法和小角度法时，可选择稳定的方向标志作为方向基准；大型的工程项目，其水平位移基准点应采用观测墩，沉降基准点宜采用基岩标或深式水准点。

3）对风振变形监测、日照变形监测或结构健康监测，应设置符合三维测量要求的基准点，基准点数不应少于2个；对倾斜监测、挠度监测、收敛变形监测或裂缝监测，可不设置基准点。

2 工作基点，应选在比较稳定且方便使用的位置。设立在大型工程施工区域内的水平位移监测工作基点宜采用观测墩，沉降监测工作基点可采用深式水准点。对通视条件较好的小型工程，可不设立工作基点，经基准点直接测定变形监测点。

3 变形监测点，应设立在能反映监测体变形特征的位置或监测断面上。监测点布设应符合下列要求：

1）不妨碍监测对象的正常运营安全。

2）位置能够反映结构的变形特征，能反应相邻结构的差异变形。

3）标志稳固、明显、结构合理，易于保护，便于观测。

4）编号统一、规范，便于数据管理。

5）应结合监测对象的地质条件、结构特性和破损状况，布设局部加密监测点。

9.1.6 监测仪器、设备和元件除符合本标准第3.2.3条的要求外，还应符合具体监测项目的观测精度和量程的要求，具有良好的稳定性和可靠性。

9.1.7 变形监测的基准点、工作基点和观测点的初始值，应在点位稳定后连续独立观测2次，较差不大于极限误差时取均值确定，否则应重测。

9.1.8 历次观测应在较短的时间内完成，应采用相同的观测网形、观测路线和观测方法，采用相同的数据处理方法，还宜固定观测人员、仪器和设备，在相近的环境条件下观测，观测时还宜记录荷载工况、天气、温度等相关环境因素。

9.1.9 监测变形量的正负号约定应在监测方案中明确，并应符合以下要求：

1 沉降监测的变化量以向上隆起为正，向下沉降为负。

2 收敛监测的变化量以向外伸张为正，向内压缩为负。

3 裂缝宽度变化以增大为正，减小为负。

4 其他监测项目可根据实际需要定义变形量的正负号。

9.1.10 当数据处理结果出现下列情况之一时，应即刻向建设、施工等相关单位报警，同时宜提高监测频率或增加监测内容：

1 变形量或变形速率达到或超出变形预警值。

2 变形量或变形速率出现异常变化。

3 开挖面或周边出现塌陷、滑坡。

4 建筑本身或其周边环境出现异常。

5 其他危及结构安全的活动或现象。

9.1.11 各类市政交通设施和建（构）筑结构受到邻近施工作业影响时，宜对其受影响的程度和影响过程进行工程影响监测。

9.2 监测基准

9.2.1 特等精度的沉降和水平位移监测，应对所用的测量方法、仪器设备及具体作业过程等进行专门的技术设计、精度分析，并宜进行试验验证。

9.2.2 水平位移监测基准网，可采用边角网、卫星定位控制网和视准线等方法布设，应符合以下规定：

1 水平位移监测基准宜采用独立坐标系统，必要时可与城市坐标系统联测。直线形建（构）筑物的主轴线或其平行线，应纳入网内。大型工程布网时，应充分顾及网的精度、可靠性和灵敏度等指标。

2 水平位移监测基准网测量的主要技术要求，应符合表9.2.2-1的规定。

表 9.2.2-1 水平位移监测基准网的主要技术要求

等级	相邻点相对点位中误差(mm)	平均边长 L(m)	测角中误差(″)	测边相对中误差	水平角观测测回数		
					0.5″级仪器	1″级仪器	2″级仪器
一等	1.0	200	1.0	≤1/200000	6	9	—
二等	3.0	300	1.8	≤1/100000	4	6	9
		200	2.5	≤1/80000	2	4	6
三等	10.0	800	2.5	≤1/80000	2	4	6
		400	5.0	≤1/40000	1	2	3
四等	20.0	800	5.0	≤1/40000	1	2	3

注：1 水平位移监测基准网的相关指标，是基于相应等级相邻基准点的点位中误差的要求确定的。

2 作业时，也可根据监测项目特点，在符合相邻基准点位中误差要求前提下进行专项设计。水平位移监测基准网不受测角中误差和水平角观测测回数指标的限制。

3 基准点应设置在变形区域外、位置稳定、易于长期保存的地方；一、二等基准点或工作基点，宜采用有强制归心装置的观测墩或固定棱镜。

4 当采用视准线时，视准线应离开周邻障碍物 1m 以上，轴线上或轴线两端应设立检核点。轨道交通等狭长区域采用在观测范围的中部设置工作基点的自由设站基准线法观测时，应在变形区域外的两端各设置 3 个以上基准点。

5 监测基准网的水平角观测，宜采用方向观测法。其技术要求应符合本标准第 4.2 节的相关规定。

6 监测基准网边长，宜采用电磁波测距。其主要技术要求应符合表 9.2.2-2 的规定。

表 9.2.2-2 测距的主要技术要求

等级	仪器型号	每边测回数		1测回读数较差(mm)	单程各测回较差(mm)	气象数据的最小读数		往返较差(mm)
		往	返			温度(℃)	气压(Pa)	
一等	1mm 级及以上	4	4	1	2	0.2	50	$\leqslant 2(a+bD)$
二等	1mm 级及以上	4	4	2	4			
三等	2mm 级及以上	2	2	5	7			
四等	2mm 级及以上	4	—	5	7			

注:1 测回是指照准目标1次,读数2次~4次的过程。
2 根据具体情况,测边可采取不同时间段代替往返观测。
3 测量斜距,须经气象改正和仪器的加、乘常数改正后才能进行水平距离计算。
4 计算测距往返较差的限差时,a、b分别为相应等级所使用仪器标称的固定误差和比例误差系数,D为测量斜距(km)。

7 对于三等以上的卫星定位监测基准网,应采用双频接收机,并采用精密星历进行数据处理。

8 水平位移监测基准测设的其他技术要求,按本标准第4章的有关规定执行。

9.2.3 沉降监测基准网的布设,应符合以下规定:

1 大型线形设施沉降监测基准网应根据表9.2.3-1规定的主要技术要求合理选用。

表 9.2.3-1 大型线形设施沉降监测基准网分级与主要技术要求

等级	观测仪器	每千米水准测量偶然中误差(mm)	每千米水准测量全中误差(mm)	精度要求(mm)	适用对象
一等	DS_{05}	0.45	1.0	$\Delta_1 \leqslant 1.8\sqrt{L}$ $\Delta_2 \leqslant 2.5\sqrt{L}$	轨道交通等
二等	DS_{05} DS_1	1.0	2.0	$\Delta_1 \leqslant 4\sqrt{L}$ $\Delta_2 \leqslant 6\sqrt{L}$	市政高架、隧道、大型桥梁等

续表 9.2.3-1

等级	观测仪器	每千米水准测量偶然中误差（mm）	每千米水准测量全中误差（mm）	精度要求（mm）	适用对象
三等	DS_1 DS_3	3.0	6.0	$\Delta_1 \leqslant 12\sqrt{L}$ $\Delta_2 \leqslant 15\sqrt{L}$	堤防、中小型桥梁等
四等	DS_1 DS_3	5.0	10.0	$\Delta_1 \leqslant 20\sqrt{L}$ $\Delta_2 \leqslant 25\sqrt{L}$	堤防、中小型桥梁等

注：Δ_1 为往返较差、附合或环线闭合差；Δ_2 为检测已测高差之较差；L 为路线长度（km）。

2 小型场区沉降监测基准网的主要技术要求，应符合表 9.2.3-2的规定。

表 9.2.3-2 小型场区沉降监测基准网的主要技术要求

等 级	相邻基准点高差中误差（mm）	每站高差中误差（mm）	往返较差、附合或环线闭合差（mm）	检测已测高差较差（mm）
一等	0.5	0.15	$0.3\sqrt{n}$	$0.45\sqrt{n}$
二等	1.5	0.5	$1.0\sqrt{n}$	$1.5\sqrt{n}$
三等	5.0	1.5	$3.0\sqrt{n}$	$4.5\sqrt{n}$
四等	10.0	3.0	$6.0\sqrt{n}$	$8.5\sqrt{n}$

注：表中 n 为测站数。

3 一、二等监测的监测基准网宜包含 2 个以上深式水准点或建成 10 年以上、沉降趋于稳定的建筑上的墙角水准点。

4 重大城市基础设施的一、二等监测基准网宜选择稳定的基岩标作为起算点，并宜每隔 1km～3km 设置 1 个深式水准点作为工作基点。

9.2.4 沉降监测基准网的观测，应符合以下规定：

1 水准观测的主要技术要求，应符合表 9.2.4 的规定。

表 9.2.4　水准观测的主要技术要求

等级	水准仪型号	水准尺	视线长度（m）	前后视较差（m）	前后视累积差（m）	视线离地面最低高度（m）	多次读数所测高差较差（mm）
一等	DS_{05}	因瓦	≤30	≤1.0	≤3.0	0.65	0.4
二等	DS_{05} DS_1	因瓦	≤50	≤1.5	≤5.0	0.55	0.4
三等	DS_{05} DS_1 DS_3	因瓦	≤75	≤2.0	≤6.0	0.45	0.7
四等	DS_1 DS_3	因瓦	≤100	≤3.0	≤10	0.35	1.5

注：1　电子水准仪观测，不受基、辅分划读数较差指标的限制，但测站 2 次观测的高差较差，应符合表中相应等级基、辅分划所测高差较差限值的要求。

2　室内作业时可不受视线高度的限制，但不得影响水准尺刻划或条码的识别精度。

3　水准路线跨越江河时，应进行相应等级的跨河水准测量，其指标不受本表的限制，按本标准第 4 章的规定执行。

2　观测使用的水准仪和水准标尺，应符合现行国家标准《国家一、二等水准测量规范》GB/T 12897、《国家三、四等水准测量规范》GB/T 12898 的相关要求。

3　水准测量每测站的观测次序宜符合现行国家标准《国家一、二等水准测量规范》GB/T 12897、《国家三、四等水准测量规范》GB/T 12898 相应等级的要求。在运营的轨道交通、市政桥隧内作业时，观测次序可不受限制，但外业成果应符合本标准第 9.2.3、9.2.4 条的技术要求。

4　水准观测的其他技术要求，应符合本标准第 4 章的有关规定。

9.2.5　基准网观测的其他技术要求，应符合本标准第 4 章的规定。

9.2.6 基准网数据处理和基准点稳定性分析应符合以下规定：

1 应每期检测、定期复测。

2 施工期的监测应1～2个月复测1次，运营期的监测宜每季度或每半年复测1次。

3 当某期检测发现基准点有可能变动时，应立即进行复测；当某期变形测量中多数监测点观测成果出现异常时，应立即进行复测。

4 首期基准点测量及每期复测后，应进行数据处理，获得各期基准点的平面坐标和高程。对两期及以上的变形测量，应根据测量结果对基准点的稳定性进行检验分析。

5 沉降基准点稳定性检验时，应对所有基准点分别按两两组合，计算本期平差后的高差数据与上期平差后高差数据之间的差值。当计算的所有高差差值均不大于按下列公式计算的限差δ时，认为所有基准点稳定；当有差值超过限差δ时，应通过分析判断找出不稳定的点。

$$\delta=2\sqrt{2}\times\sqrt{n}\mu \tag{9.2.6}$$

式中：n——两个基准点之间的观测测站数；

μ——对应精度等级的测站高差中误差(根据表9.1.3确定)。

6 位移基准点的稳定性分析，当基准点较少时，可按照本条第5款通过比较平差后反算的距离、边长与实测值比较，进行判断；对大范围、基准点较多、采用本条第5款方法难以分析判断找出不稳定点时，宜通过统计检验的方法进行稳定性分析，找出变动显著的基准点。对风振变形监测、日照变形监测或结构健康监测，当基于不同基准点测定的监测点数据存在明显的系统性偏差时，应分析判断并排除不稳定的基准点。

7 当发现有不稳定基准点时：

1) 应进行现场勘查分析，若确认其不宜继续作为基准点，应予以舍弃，并应及时补充布设新基准点。

2）应检查分析与不稳定基准点有关的各期变形监测成果，并应在剔除不稳定基准点的影响后，重新进行数据处理。

3）处理结果应及时与项目委托方沟通，并应在变形监测技术报告中说明。

9.3 监测方法

（Ⅰ）一般要求

9.3.1 变形监测的方法，应根据监测体特点、精度要求、变形速率以及监测体的安全性等指标，按表 9.3.1 选用；也可同时采用多种方法进行监测。

表 9.3.1 变形监测方法的选择

类别	主要监测方法
水平位移监测	视准线法（活动觇牌法、小角度法、自由设置基准线法）、极坐标法、交会法、激光准直法等
沉降监测	水准测量法、三角高程法、静力水准法等
倾斜监测	投点法、全站仪坐标法、差异沉降法、垂线法、倾斜仪（计）等
挠度监测	投点法、差异沉降法、垂准法等
收敛监测	固定测线法、断面扫描法等
裂缝、接缝监测	采用精密量距尺具（游标卡尺、千分尺）、测缝计、读数显微镜等直接读取
三维位移监测	全站仪坐标测量法、摄影测量法、卫星定位测量法等

（Ⅱ）常规监测方法

9.3.2 水平位移监测应设置基准网或视准线，基准网或视准线的测设应符合本标准第 9.2.2 条的规定。每次水平位移观测前应对使用的基准点或视准线进行稳定性检测，并应符合以下规定：

1　视准线法、小角度法观测时，应检查设站点、定向点、检查点的几何关系，水平角、距离应观测2测回。

2　自由设站基准线法每次观测前应联测所有基准点的相互关系，检测时水平角、距离应观测2测回。

3　边角网等其他形式布设的基准网，应在变形监测的相应设站点上进行所有通视点的相邻几何关系检测。

4　水平位移监测基准网检测的主要观测技术要求，应符合本标准第9.2.2条的相应规定。

5　与在用值比较，水平角、距离较差不大于表9.2.2-1中的测角中误差、测边相对中误差的2倍时，可判定基准点稳定、采用在用值；否则，应查明原因并采取对应措施。

9.3.3　视准线的设置和观测，除应符合本标准第9.2.2条的规定外，还应符合下列规定：

1　各测点偏离视准线的距离不宜超过3′，且不宜大于0.5m。

2　视准线测量，可选用活动觇牌法或小角度法。当采用活动觇牌法观测时，监测精度不宜大于视准线长度的1/100 000；当采用小角度法观测时，监测精度按式(9.3.3-1)估算：

$$m_s = m_\beta L / \rho \tag{9.3.3-1}$$

式中：m_s——位移中误差(mm)；

m_β——测角中误差(″)；

L——视准线长度(mm)；

ρ——常数(ρ=206265″)。

3　当采用活动觇牌法观测时，观测前应对觇牌的零位差进行测定；小角度观测时，各监测点水平角的测回数应根据精度要求、仪器精度等级，按式(9.3.3-2)分别计算。当计算的测回数小于1时，应观测1测回。

$$n=\left(\frac{D\times10^{3}\times m_{\beta}}{\rho\times m_{\mathrm{p}}}\right)^{2} \tag{9.3.3-2}$$

式中：n——测回数，向上取整（只要有小数，整数就加1）；

D——测站至监测点的距离（m）；

m_{β}——单测回水平角观测精度（″），按仪器标称精度、照准误差、观测环境变化等三者对水平角观测精度等影响考虑，取仪器标称精度的$\sqrt{3}$倍；

ρ——常数（$\rho=206265''$）；

m_{p}——坐标分量中误差（mm）。

9.3.4 极坐标法或交会法水平位移监测，应符合下列规定：

1 各监测点水平角的测回数，应按本标准第9.3.3条第4款的方法计算确定。

2 采用角交会法时，交会角应在60°～120°之间，并宜采用三点交会；采用边交会法时，交会角宜在30°～150°之间。

9.3.5 激光准直法水平位移监测，应符合下列规定：

1 激光器（包括激光经纬仪、激光导向仪、激光准直仪等）宜安置在变形区影响之外或受变形影响较小的区域。激光器应采取防尘、防水措施。

2 安置激光器后，应同时在激光器附近的激光光路上，设立固定的光路检核标志。

3 整个光路上应无障碍物，光路附近应设立安全警示标志。

4 目标板（或感应器），应稳固设立在变形比较敏感的部位并与光路垂直；目标板的刻划，应均匀、合理。观测时应将接收到的激光光斑，调至最小、最清晰。

9.3.6 水准测量方法进行沉降监测，应符合下列规定：

1 沉降基准网测设应符合本标准第9.2节的要求。

2 监测水准路线应起讫于基准点或工作基点，构成水准闭合环或附合水准路线。各等级监测路线的主要技术要求，应符合表9.2.3-2的规定。

3 一等及以上观测时，水准路线应往返测；二等及以下观测时，首次的监测水准路线应往返测或单程双站法观测，以后历次测量可单程观测。

4 应将部分监测点纳入水准路线进行观测，其余监测点作为中视点同步观测。

5 历次观测时，应固定测站设置，纳入水准路线的监测点相对固定。观测前宜编制监测点点位和测站位置分布图。

6 观测前应实测水准仪的 i 角，中视点应进行因视距差、仪器 i 角引起的高差改正。

7 当采用电子水准仪在阴暗条件下观测，读数时仪器视场内应光照均匀。

8 水准观测的其他主要技术要求，应符合本标准第 9.2.4 条的相关规定。

9.3.7 三角高程法沉降监测，应符合下列规定：

1 二等精度观测时，应采用中间设站法，并符合本标准第 4.3.10条的规定。

2 三等、四等精度观测时，宜采用中间设站法，观测视线长度不宜大于 300m，最长不宜超过 500m，视线垂直角不应超过 20°。每站的前后视线长度之差，对三等观测不宜超过 30m，四等观测不宜超过 50m。垂直角和距离观测的测回数，应符合本标准第 4.3.11 条的相应要求。

3 采用单向三角高程进行三、四等观测时，仪器高、目标高量取精度应不低于 1mm；每站应变动仪器高进行 2 次独立测量，变动仪器前后的垂直角、距离、观测的测回数均不得少于表 4.3.11-2的 1/2 倍；当 2 次独立测量所计算高差的较差不大于精度要求的 2 倍时，取其中数作为最终高差值。

9.3.8 投点法倾斜监测，应符合以下规定：

1 投点法倾斜监测适用于每个测站监测一个倾斜方向，监测前宜在待测结构的上、下部竖向对应设置监测标志。

2 测站点设置在倾斜方向的垂直方向线上，与监测点的距离宜为上、下部监测点高差的1.5倍～2.0倍。

3 采用经纬仪或全站仪观测，观测时瞄准上部监测点后，投影到下部监测点上安装的水平尺，读取倾斜方向和倾斜增量；观测时应正、倒镜各观测1次，取平均值。

4 历次倾斜增量与上、下点高差的比值即为倾斜率增值。当上、下监测标志的连线与结构的竖向轴线平行时，倾斜增量与高差的比值即为结构的倾斜率。

9.3.9 全站仪坐标法倾斜监测，应符合以下规定：

1 全站仪坐标法倾斜监测，能在同一测站对监测对象在两个正交方向的倾斜增量进行监测。监测的假定坐标系统应以测站点为原点，平面坐标轴应分别与“测站点至下部监测点的连线方向”平行或垂直，Z轴为竖直方向；倾斜增量分别为X、Y两个坐标分量的增量。

2 监测前，在结构的上、下部竖向对应设置监测标志。监测标志宜为小棱镜或反射片；采用基于无合作目标测距技术时，可为平整的其他标志。测站点应设置在结构边线的延长线或结构边线的垂线上，与监测点的水平距离宜为上、下部监测点高差的1.5倍～2.0倍。

3 历次监测应正、倒镜各观测1次，误差范围内取平均值。

4 倾斜增量与上、下点高差的比值即分别为相应两个正交方向的倾斜率增值。当上、下点的连线与结构的竖向轴线平行时，倾斜增量与高差的比值即为结构的倾斜率。

9.3.10 差异沉降法倾斜监测(图9.3.10)，应符合以下规定：

1 差异沉降量与距离的比值视为该连线方向的倾斜率增值，监测前应在需要监测的倾斜方向上对应设置沉降监测点，对应沉降点间距的丈量应取位至0.01m。

2 对应点的沉降测量应符合本标准第9.3.6条相应等级的要求。

3 基础相对倾斜率增值ΔS_{AB}应按式(9.3.10)进行计算：

$$\Delta S_{AB}=\frac{S_A-S_B}{L} \tag{9.3.10}$$

式中：ΔS_{AB}——倾斜率增量；

S_A，S_B——倾斜段两端监测点 A、B 的沉降量(m)；

L——A、B 两点间的水平距离(m)。

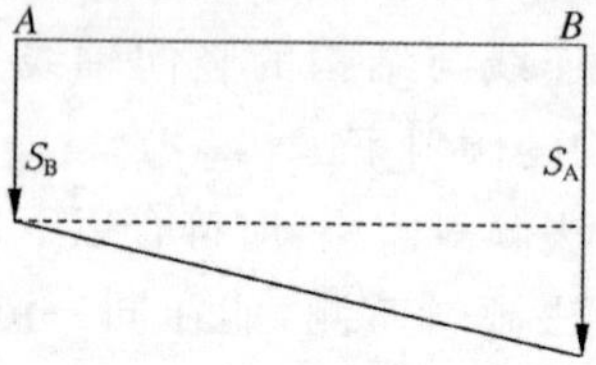

图 9.3.10 差异沉降法倾斜监测计算示意

9.3.11 垂准法倾斜监测，应符合以下规定：

1 垂准法适用于上部结构相对于下部的相对倾斜监测，监测前需在下部设置基准点(仪器对中标志)，上部在需监测的高度对应设置投测标识。

2 监测时，在下部基准点上架设垂直仪(天顶仪)，在上部安装接收靶(透明格网板)，格网板的轴线应与结构主轴线平行或正交，历次比较两个正交方向的投点位置差异，计算倾斜增量和倾斜率增值。

3 采用的垂准仪的相对精度，不应低于倾斜度监测的精度要求。垂准法的观测应符合本标准第 7.2.13 条的要求。

9.3.12 挠度监测可根据现场条件，选用投点法、差异沉降法、垂准法等方法，技术要求可按照倾斜监测或水平位移监测相关条款。挠度 f_C 应按式(9.3.12)计算(图 9.3.12)：

$$f_C=\Delta S_{BC}-\frac{L_1}{L_1+L_2}\Delta S_{AB} \tag{9.3.12}$$

式中：f_C——挠度(m)；

ΔS_{BC}——B、C 两点的沉降差(m)；

ΔS_{AB}——A、B 两点的沉降差(m)；

L_1——B、C 两点间的水平距离(m)；

L_2——A、B 两点间的水平距离(m)。

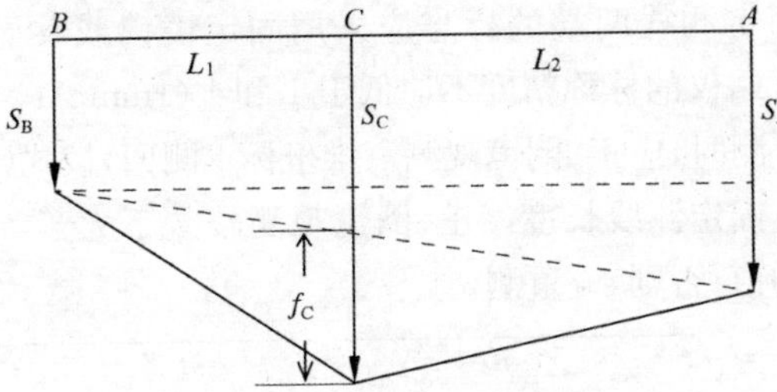

图 9.3.12　挠度监测计算示意

9.3.13　固定测线法收敛监测，应符合以下规定：

1　固定测线应设置在有代表性的位置上，两端应设置稳定的监测标志。

2　采用收敛尺可进行各等级的收敛监测，应符合下列规定：

1) 固定测线两端的测头应与收敛尺的挂钩匹配，安装后应进行监测点与收敛尺接触点的符合性检查，符合性检查应独立观测 3 次，观测较差不应大于测线长度中误差的 2 倍。

2) 观测时，收敛尺应施加标定时的拉力，收敛尺尺面应平直，不得扭曲。每条固定测线应独立观测 3 次，较差不应大于测线长度中误差的 2 倍，取平均值作为观测值。

3) 监测成果应进行尺长改正。一等和二等监测的温度测量最小读数为 0.2℃，三等和四等监测的温度测量最小读数为 1℃，并应按式(9.3.13-1)进行温度改正：

$$\delta_L = k \times L \times \delta_T \tag{9.3.13-1}$$

式中：δ_L——温度变化改正数(mm)；

k——收敛尺的温度线膨胀系数；

L——固定测线的长度读数(m)；

δ_T——温度变化量(℃)。

3 采用全站仪进行一等及以上收敛监测时,应符合下列规定:

1) 固定测线两端的标志应采用固定棱镜或反射片。

2) 全站仪的标称精度不应低于1″和±$(1mm+1\times10^{-6}\times D)$。

3) 监测时,应正、倒镜观测三维坐标1测回,按式(9.3.13-2)计算固定测线长度。正、倒镜观测较差不大于±1mm时,取均值;否则,应重测。

$$S=\sqrt{(X_A-X_B)^2+(Y_A-Y_B)^2+(Z_A-Z_B)^2} \tag{9.3.13-2}$$

式中: S——固定测线长度;

X_A,Y_A,Z_A,X_B,Y_B,Z_B——监测点的坐标分量。

4 当采用具有无合作目标激光测距功能的全站仪进行二等及以下收敛监测时,应符合以下规定:

1) 全站仪测距精度应不低于±$(3mm+2\times10^{-6}\times D)$。

2) 观测前,应测定无合作目标测距时的加常数,并对观测边长进行改正。

3) 每次应正、倒镜观测三维坐标1测回,按式(9.3.13-2)计算固定测线长度。正、倒镜观测较差不大于±2mm时,取均值;否则,应重测。

5 当采用手持测距仪进行二等及以下收敛监测测时,应符合以下规定:

1) 应选用测距标称精度不低于±2mm的激光测距仪。

2) 使用前,应检测测距仪无合作目标测距时的加常数并进行观测值改正。

3) 观测时,测距仪应分别对中、瞄准固定测线的两个端点,每条测线应独立进行3次读数,互差不大于±2mm,取均值作为本次观测成果。

6 采用其他监测方法时,精度应符合相应等级的要求。

注：收敛监测以测线长度测量中误差作为精度衡量指标，等级划分按照表 9.1.3 中的水平位移监测。

9.3.14 激光扫描法进行二等以下隧道收敛监测，应符合以下规定：

1 使用的激光扫描仪或全站仪，25m 测程内的距离测量精度不应低于±2mm。

2 断面上数据采集点的数量、位置和密度应符合断面拟合的要求。

3 采用激光扫描仪、固定设站式作业时，应根据监测对象结构特点、激光扫描仪的性能，计算测站间距，保证点云分辨率符合要求；采用切片计算收敛值时，切片应垂直于隧道轴线，切片的里程计算精度应不低于±50mm。

4 采用激光扫描仪、移动扫描式作业时，扫描螺旋线应垂直于结构中线；应根据分辨率要求，配置行进速度和扫描参数，保证螺旋线间隔及每个螺旋线的相邻点间距符合点云分辨率的要求；移动扫描里程方向的计算精度应不低于±50mm，可采用里程计、惯导、里程标靶、RFID 标靶、匀速控制装置等方法提高里程方向的计算精度。

5 采用自动照准型全站仪、固定设站式作业时，应在同一竖向剖面内设置仪器对中点、定向点和检核点，收敛断面应垂直于隧道中线；断面上的测点宜按 0.2m～0.3m 步长等密度采集，采集点应包含起点、终点、拼装缝等特征点，断面上每段线型（直线或圆弧）的监测点不应少于 5 点；宜采用全站仪的机载数据采集软件，实现自动采集。

6 数据处理时应结合隧道断面的几何特性建立数学处理模型，删除异常点后进行几何特征计算。

7 数据处理成果应包括水平直径值在内的全断面变形数据，盾构隧道的激光扫描监测，还宜根据结构特性，解算盾构隧道逐环椭圆度等参数。成果以表格和展开图形式表达。

8 激光扫描监测应采用常规方法检测收敛测量值的正确性。

9 激光扫描测量值与常规方法测量值的校差的中误差不宜大于4mm。激光扫描测量结果存在明显的常数差时,采用定期检测的结果对激光扫描测量的结果进行修正。

9.3.15 接缝或裂缝监测,应符合以下规定:

1 可根据现场条件,选用精密量距尺具(游标卡尺、千分尺)、测缝计、读数显微镜等方法。

2 应根据裂缝分布位置、走向、长度、宽度和错台等参数,选取主要裂缝或宽度较大的裂缝进行监测;裂缝宽度监测的监测点,应布设在裂缝的最宽处和裂缝的末端。

3 接缝或裂缝监测标志,应跨接缝或裂缝牢固安装。标志可选用镶嵌式金属标志、粘贴式金属片标志、钢尺条、坐标格网板或专用量测标志等。

4 标志安装完成后,应拍摄裂缝监测初期的照片。

5 裂缝或管缝宽度的量测应取位至0.1mm。当采用直接量测法时,可采用游标卡尺、千分尺、坐标格网板或直尺等工具;当采用摄影量测法时,拍照时应在垂直缝的走向放置有刻划的直尺等装置,以比对求解裂缝尺寸;当采用测缝传感器时,应采取措施检查传感器的可靠性、耐久性。

9.3.16 全站仪坐标法三维位移监测,精度和作业方法应符合水平位移监测、三角高程法沉降监测的相关规定。

9.3.17 摄影测量法三维位移监测,应符合下列要求:

1 应根据监测体的变形特点、监测规模和精度要求,合理选用作业方法,可采用时间基线视差法、立体摄影测量法或实时数字摄影测量法等。

2 监测点标志,可采用十字形或同心圆形,标志的颜色应使影像与标志背景色有明显的反差,可采用黑、白、黄色或两色相间。

3 像控点应布设在监测体的四周；当监测体的景深较大时，应在景深范围内均匀布设。像控点的点位精度不宜低于监测体监测精度的1/3。

4 当采用直接线性变换法解算待定点时，一个像对的控制点宜布设6个～9个；当采用时间基线视差法时，一个像对宜布设4个以上控制点。

5 对于规模较大、监测精度要求较高的监测项目，可采用多标志、多摄站、多相片及多量测的方法进行。

6 摄影站，应设置固定观测墩。对于长方形的监测体，摄影站宜布设在与物体长轴相平行的一条直线上，并使摄影主光轴垂直于被摄物体的主立面；对于圆柱形外表的监测体，摄影站可均匀布设在与物体中轴线等距的周围。

7 多像对摄影时，应布设像对间起连接作用的标志点。

8 变形摄影测量的其他技术要求，应符合现行国家标准《工程摄影测量规范》GB 50167的有关规定。

9.3.18 卫星定位测量法三维位移监测应符合现行行业标准《建筑变形测量规范》JGJ 8的相关规定。

（Ⅲ）自动化监测方法

9.3.19 自动化监测系统应由传感器、数据采集系统、通信系统、数据处理系统和成果发布系统等功能模块组成。自动化监测系统应符合以下要求：

1 采用的设备应性能稳定，传感器的量程和精度应满足工程需要，通信与供电系统不影响监测对象的正常运营。

2 设备设施应安装牢固，轨道交通轨行区安装的设备应满足城市轨道交通运营的限界要求，不影响列车运营安全。

3 系统在调试完毕后，应逐日连续观测并取得稳定的初始值。

4 自动化监测的采样间隔应符合实际工程需要。

5 数据处理软件应具有观测数据自动检核、超限数据自动处理、不合格数据自动重测，观测目标被遮挡时可自动延时观测处理和变形数据自动处理、分析、预报和预警等功能。

6 使用期间应加强系统维护，应采用人工监测方法定期校验，校验周期不宜大于1个月，发现异常时应及时修复自动化监测系统。

7 成果以图形和数据的形式展示，可对历史数据进行查询。数据管理系统应能按权限进行网络发布，具有网络安全防护功能。

9.3.20 全站仪自动化监测应符合以下规定：

1 全站仪自动化监测适用于水平位移监测、收敛监测、沉降监测、倾斜监测等监测项目。

2 测站应设立在基准点或工作基点上，并宜采用有强制对中装置的监测台或监测墩；测站视野应开阔、无遮挡，周围应设立安全警示标志；应同时具有防水、防尘设施。

3 全站仪对最远监测点的自动照准精度不应低于1mm，单次自动照准时间不宜大于10s。

4 应结合水平位移监测、收敛监测、沉降监测、倾斜监测等监测项目的具体要求，设置监测点或监测点组。监测点宜采用固定棱镜的方式布设，并应做好监测点的保护。

5 各监测点观测的测回数，应按本标准第9.3.3条第3款的方法计算确定。

6 自动化监测系统宜能根据远程指令，实时选取观测方向、设置监测时间、调整监测频率。

7 多台全站仪联合组网观测时，相邻测站宜设置2个以上360°棱镜进行联测，或应有2个以上的重叠观测目标。

8 自动化监测系统应自动剔除粗差，对未观测到的方向自动补测，自动对观测数据进行观测限差检查，对超限的观测数据进行自动重测。数据处理前应进行基准网稳定性判断。

9.3.21 静力水准自动化监测应符合以下规定：

1　静力水准自动化监测适用于沉降监测。

2　静力水准自动化监测传感器的标称精度，应优于表9.1.3中相邻监测点的高差中误差的$\sqrt{2}/2$倍。

3　静力水准路线一般由起算点、监测点、转点组成，宜布设成附合水准路线。起算点应采用几何水准测量法定期联测。

4　连通管式静力水准设备，同组中所有传感器安装标高差异的影响，不应消耗其量程的20%；连通管管路应平顺，管路内不应有气泡，每一点都应低于蓄液罐底部，且不超过0.5m。连通管式静力水准同一测段内静力水准测量的沉降监测值可按式(9.3.21)计算，压差式静力水准可按仪器商提供的公式计算。

$$\Delta H_{kg}^{ij}=(h_k^i-h_g^i)-(h_k^j-h_g^j) \tag{9.3.21}$$

式中：ΔH_{kg}^{ij}——以第j次为计算基准($i>j$)，k测点相对g测点的第i次沉降值(mm)；

h_k^i——k测点第i测次相对于蓄液罐内液面安装高度的距离(mm)；

h_g^j——g测点第i测次相对于蓄液罐内液面安装高度的距离(mm)；

h_k^j——k测点第j测次相对于蓄液罐内液面安装高度的距离(mm)；

h_g^j——g测点第j测次相对于蓄液罐内液面安装高度的距离(mm)。

9.3.22　电水平尺自动化监测应符合以下规定：

1　电水平尺自动化监测适用于沉降监测。

2　电水平尺传感器量程不宜小于±40′，分辨率不宜低于1″，重复测量精度不宜低于3″，可单支使用或多支串联使用。

3　多支电水平尺串联安装构成“尺链”进行沉降监测时，应采用水准测量法定期联测尺链的起点与终点，根据水准测量成果修正。盾构法隧道内电水平尺的长度宜与环宽匹配。

4 单支电水平尺差异沉降按式(9.3.22-1)计算。

$$\Delta S_t = L \times (\sin\alpha_t - \sin\alpha_0) \quad (9.3.22\text{-}1)$$

式中：ΔS_t——电水平尺两端点的差异沉降值(mm)；

L——电水平尺长度(mm)；

α_t——第 t 次倾角；

α_0——初始倾角。

5 多支电水平尺沉降监测按式(9.3.22-2)计算。

$$\Delta S_n = S_0 + \sum_{i=1}^{n} [L_i \times (\sin\alpha_i - \sin\alpha_{i0})] \quad (9.3.22\text{-}2)$$

式中：ΔS_n——尺链中第 n 支电水平尺尾端点所在处的沉降值(mm)；

S_0——起点水准测量修正值(mm)；

L_i——尺链中第 i 支电水平尺的长度(mm)；

α_i——尺链中第 i 支电水平尺本次倾角；

α_{i0}——尺链中第 i 支电水平尺初始倾角。

9.3.23 激光测距仪自动化监测应符合以下规定：

1 激光测距仪适用于隧道收敛监测。

2 激光测距仪测距精度不应低于 2.0mm。

3 激光测距仪应布设于固定测线一端的结构内壁，测量的激光束应对准固定测线另一端目标点。

4 应在对应位置设置人工固定测线，并同步完成初始测量。

5 收敛变化量按式(9.3.23)计算。

$$\Delta C_i = C_i - C_0 \quad (9.3.23)$$

式中：ΔC_i——第 i 次收敛变化量(mm)；

C_i——第 i 次距离读数(mm)；

C_0——初始距离读数(mm)。

9.3.24 采用新技术、新方法代替传统方法时，应进行新技术、新方法与传统方法的比对验证，其观测精度应符合本标准相应的要求。

9.4 房屋建筑监测

9.4.1 房屋建筑变形监测项目，应根据工程需要按表 9.4.1 选择。

表 9.4.1 房屋建筑变形监测项目

项目		主要监测内容	备注
基坑	围护结构	沉降、水平位移、支撑轴力、围护结构内力	基坑降水及开挖阶段
	周围土体	地表沉降、土体水平位移和分层沉降、地下水位和孔隙水压力、坑底隆沉	
	周边环境	建(构)筑物、地下管线等	
建(构)筑物	基础变形	沉降、基础倾斜	基础施工阶段
	主体变形	沉降、水平位移、主体倾斜、构件挠度、建筑裂缝	地上结构施工至沉降稳定;位于外部作业的影响范围内时
建筑场地	土体变形	沉降、边坡位移、土体分层沉降等	新填筑场地或需地基处理的场地;场地形成或地基处理施工前开始,至沉降稳定

9.4.2 基坑的变形监测，应符合现行上海市工程建设规范《基坑工程施工监测规程》DG/TJ 08－2001 的相关规定。

9.4.3 房屋建筑的水平位移监测，应符合下列规定：

1 应在建(构)筑物的下列部位布设水平位移变形监测点：

1) 建(构)筑物的主要墙角和柱基上。

2) 建筑沉降缝的顶部和底部。

3) 大型构筑物的顶部、中部和下部。

2 观测标志宜采用反射棱镜、反射片、照准觇牌或变径垂直照准杆。

3 水平位移观测周期，应根据工程需要和场地的工程地质条件综合确定。

9.4.4 房屋建筑的沉降监测，应符合下列规定：

1 沉降监测点应布设在建(构)筑物的下列部位：

1) 建(构)筑物的主要墙角及沿外墙每 10m～15m 处或每隔 2 根～3 根柱基上。

2) 沉降缝、伸缩缝、新旧建(构)筑物或高低建(构)筑物接壤处的两侧。

3) 人工地基和天然地基接壤处、建(构)筑物不同结构分界处的两侧。

4) 邻近堆置重物处、受振动有显著影响的部位及基础下的暗浜(沟)处。

5) 烟囱、水塔和大型储藏罐等高耸构筑物沿纵横轴线对称布置，且每一构筑物不得少于 4 个点。

6) 重型设备基础和动力设备基础底板的四角和中部。

7) 当建(构)筑物出现裂缝时，布设在裂缝两侧。

2 沉降监测点应稳固埋设，高度以高于(±0.00)地坪 0.2m～0.5m 为宜。对于建筑立面后期有贴面装饰的建(构)筑物，宜预埋螺栓式活动标志。

3 监测点宜布置于通视良好、不易遭受破坏之处。对于立面美观度要求高的场所，测点可布设在靠近柱体的地面上。

4 高层建筑和多层民用建筑施工期间的沉降观测周期，应每增加 1 层～2 层观测 1 次；建(构)筑物封顶后，第一年应每 3 个月观测 1 次，第二年应每 6 个月观测 1 次，第三年后每年观测 1 次，直至稳定为止。当最后 100d 的沉降速率小于 0.02mm/d 时，可认为已进入稳定阶段。

5 工业厂房沉降在基础施工完成后测取初值，多层厂房每增加1层～2层观测1次，单层厂房施工期间观测次数不应少于3次。竣工后的观测周期，可根据建(构)筑物的稳定情况确定，监测次数不少于3次。

9.4.5 建(构)筑物的主体倾斜监测，应符合下列规定：

1 整体倾斜监测点宜布设在建(构)筑物竖轴线或其平行线的顶部和底部，分层倾斜监测点宜分层布设高低点。

2 观测标志可采用固定标志、反射片或建(构)筑物的特征点。观测精度宜采用三等水平位移观测精度。

3 倾斜监测应根据监测对象的现场条件，可采用垂准法、经纬仪投点法、全站仪坐标法、水准测量以及倾斜仪测记等方法。

4 倾斜监测成果应描述测点位置、倾斜率增量、倾斜方向，并计算倾斜变化速率。

9.4.6 当建(构)筑物出现裂缝时，应进行建筑裂缝监测，并符合下列规定：

1 裂缝的观测周期，应根据裂缝变化速度确定。裂缝初期可每半个月观测1次，基本稳定后宜每月观测1次。当发现裂缝加大时应及时增加观测次数；必要时，应持续观测。

2 监测成果应描述裂缝的位置、走向、长度、形态和尺寸，注明观测日期。

9.4.7 当建(构)筑物因日照引起的变形较大或工程需要进行日照变形监测时，应符合下列规定：

1 日照变形监测点应设置在监测体顶部或顶部附近适当位置。

2 日照变形监测宜选在夏季日照充分、昼夜温差较大时进行。宜进行不少于24h的连续观测，观测频率宜为1次/h～2次/h。每次观测时，应测定建筑向阳面与背阳面的温度，并应测定风速和风向。

3 观测方法应根据观测条件、精度要求、变形速率以及建(构)筑物的安全性等指标确定，可采用交会法、极坐标法、激光准直法、正倒垂线法、卫星定位测量法等。

4 日照变形监测应提交监测点布置图、观测成果表、日照变形曲线等成果资料。

9.4.8 重要的高层建筑或大型工业建(构)筑物,因工程需要或设计要求进行地基土的分层沉降监测,应符合下列规定:

1 地基土分层沉降监测点位,应布设在建(构)筑物的地基中心附近。

2 监测标志埋设的深度,最浅层应埋设在基础底面下0.5m;最深层应超过理论上的压缩层厚度。

3 地基土分层沉降观测应在基础浇灌前开始,至各土层稳定为止。

9.4.9 大跨度公共建筑结构的运营期监测应符合以下规定:

1 应提前做好运营期的监测设计,应在施工过程中完成监测点布设,充分利用施工监控的监测点。

2 当需要监测日照、气温对结构的影响时,宜选择夏天的超高温日、冬天的超低温日,进行大于24h的连续观测,观测时间隔宜不大于30min。

3 当需要监测风载对结构的影响时,宜自强风对结构产生影响前开始,连续观测直至强风过后,观测时间隔宜不大于30min。

4 当需要监测结构年度随季节温度变化影响的结构响应时,应在夏天高温、冬天低温及过渡季节,结合实际温度情况开展观测。

9.5 桥梁监测

9.5.1 桥梁变形监测内容,宜根据桥梁结构类型按表9.5.1选择。

表 9.5.1 桥梁变形监测内容选择

类型	施工期主要监测内容	运营期主要监测内容
梁式桥	桥墩沉降和桥墩偏位 主梁线形 悬臂法浇筑的梁体水平位移、沉降 悬臂法安装的梁体水平位移、沉降 支架法浇筑的梁体水平位移、沉降 成桥线形	桥墩沉降，独柱墩的倾斜 桥面水平位移、沉降
拱桥	桥墩沉降 拱座位移 拱肋线形及水平位移、沉降 连拱中间墩柱的变位 斜拉扣挂施工中的索塔变形、基础沉降、成桥线形	桥墩沉降 桥面水平位移、沉降
斜拉桥	主塔偏位及基础沉降 主梁线形和水平位移、沉降 成桥线形	主塔沉降、倾斜和位移 桥面水平位移、沉降
悬索桥 斜拉桥	索塔倾斜、塔顶位移 基础沉降 主缆线性形变（拉伸变形） 索夹位置及滑动位移 梁体水平位移、沉降 索鞍偏位 散索鞍相对转动 锚碇水平位移、沉降 成桥线形	索塔倾斜、沉降 桥面水平位移、沉降

注：1 成桥过程中的施工监控测量应符合本标准第 7.3 节的相关规定。

2 通车前的成桥试验（静载、动载）的监测应符合设计和验收的要求。

3 大型桥梁的变形监测，必要时应同步监测梁体和桥墩的温度、水位和流速、风力和风向。

9.5.2 桥梁变形监测的等级划分，应根据桥梁的类型、结构、用途等因素综合确定，特大型桥梁的监测等级不宜低于二等，大型桥梁不宜低于三等，中小型桥梁可采用四等。

9.5.3 桩基施工、承台开挖期间的周边环境监测，应符合现行上海市工程建设规范《基坑工程施工监测规程》DG/TJ 08－2001 的相关规定。

9.5.4 水平位移监测基准网的布设和观测除符合本标准第 9.2 节的相关要求外，还应符合以下要求：

1 变形监测控制网一般分两级布设，由基准点、工作基准点构成，基准点布设在岸上稳定的位置；在桥面用桥墩水平位移监测点作为工作基点，用其测定桥面监测点的水平位移。

2 水平位移监测基准网应结合桥梁两岸地形地质条件和其他建(构)筑物分布、水平位移监测点的布置与监测方法，以及基准网的观测方法等因素确定。

3 变形监测控制网一般采用全站仪观测，也可采用静态卫星定位系统施测。

9.5.5 沉降基准网的布设和观测除符合本标准第 9.2 节的相关要求外，还应符合以下规定：

1 高程基准网与桥面沉降观测应按现行国家标准《国家一、二等水准测量规范》GB/T 12897 中二等水准测量的技术要求实施。

2 一般在岸上较稳定的地方深埋水准点作为水准基点，它们是大桥沉降监测的基准；为统一两岸的高程系统，在两岸的基准点之间应布置了一条过江水准路线。

3 将沉降基准网点、桥面沉降点、过江水准路线之间构组成多个环线。

4 高程基准网的观测采用精密水准仪；高程基准网中的过江水准测量，可采用三角高程测量方法，用 2 台精密全站仪同时对向观测。

9.5.6 各类大、中型桥梁运营期应定期进行沉降和水平位移监测。

9.5.7 为有利于分析判断桥梁可能发生病害的原因，应在结构正常状况时设置永久性监测点，并符合以下要求：

1 监测内容应包括桥梁墩台沉降、桥面线形与挠度、主梁横向水平位移、索塔摆动及倾斜监测等。

2 新建大、中型桥梁和特大型桥梁，应设置便于复测的永久性监测点。监测时，应记录测点的编号、位置和监测数据。

3 没有设置永久性监测点的既有大、中型桥梁和特大型桥梁，应在定期检查时按规定布设永久性监测点。

4 桥梁的监测点应牢固可靠，按永久性测量标志设定。当与上海城市控制网联测困难时，可建立本桥相对独立的基准测量系统。

5 桥梁墩台沉降及水平位移的限值应符合表 9.5.7 的规定。

表 9.5.7 桥梁永久性监测项目

限值项	墩台均匀总沉降值（mm）	相邻墩台总沉降差值（mm）	墩台顶面水平位移值（mm）
限值	$20\sqrt{L}$	$10\sqrt{L}$	$5\sqrt{L}$

注：L 为相邻墩台间最小跨径，以米(m)计。跨径小于 25m 时，仍以 25m 计。

9.5.8 大型桥梁变形监测，必要时应同步监测梁体和桥墩的温度、水位和流速、风力和风向。

9.5.9 桥梁变形监测点的布设应符合以下要求：

1 桥墩的沉降监测点，宜沿桥墩的纵、横轴线布设在外边缘，也可布设在墩面上。每个桥墩的监测点数，视桥墩大小布设 1 点～4点。

2 梁体和构件的监测点，宜布设在其顶板上。每块箱体或板块，宜按左、中、右分别布设 3 点；构件的点位宜布设在其 1/4、1/2、3/4 处。

3 索塔沉降监测点，宜布设在索塔底部的四角；索塔倾斜监测点，宜在索塔的顶部、中部和下部并沿索塔横向轴线对称布设。

4 桥面监测点，应在桥墩和桥墩间均匀布设，点位间距以10m～50m为宜。大型桥梁，应沿桥面的两侧布点。

5 桥跨结构纵向线形，宜沿桥纵向分断面布设测点，分桥轴线和车行道上、下游边缘线3条线。测点应布置在桥跨或桥面结构的跨径等分点截面上。对于中小跨径桥梁，单跨测量截面不宜少于5个；对于大跨径桥梁，单跨测量截面不宜少于9个。

6 拱轴线和主缆线形，宜按桥跨的8等分点分别在拱背和拱腹、主缆顶面布设测点，采用极坐标法进行平面坐标和三角高程测量。

9.5.10 桥梁运营期的监测周期应符合以下规定：

1 应每年监测不少于1次，也可在每年的夏季和冬季各观测1次。

2 桥梁监测应在相对固定的季节和气象条件下进行外业观测。

3 遇到突发情况或异常情况时应增加监测频率，必要时进行自动化监测。

9.5.11 每期观测后应及时整理成果。监测成果表达方式应包括监测报表和相应的变形曲线。整理分析应包括以下内容：

1 计算各监测点的坐标或高程的变化量。

2 桥墩、桥面沉降监测点、线形点的高程及变化量。

3 桥面水平位移监测点的横向位移。

9.6 隧道监测

9.6.1 隧道变形监测内容，宜根据隧道结构类型按表9.6.1选择。

表 9.6.1 隧道变形监测内容

类型	施工期主要监测内容	运营期主要监测内容
盾构法隧道	隧道结构的沉降、收敛； 地表沉降、周边环境监测	沉降、收敛、水平位移； 裂缝、错台等
沉管法隧道	隧道结构的沉降、水平位移	沉降、水平位移； 裂缝、错台等
明挖法隧道	地表沉降、周边环境监测	沉降、水平位移； 裂缝、错台等

9.6.2 隧道变形监测的等级划分，应根据隧道的类型、结构、用途等因素综合确定。城市重大基础设施隧道结构的监测等级不宜低于二等，其他隧道的监测精度不宜低于三等。

9.6.3 隧道结构施工期的监测应符合现行国家标准《盾构法隧道施工及验收规范》GB 50446、现行上海市工程建设规范《城市轨道交通工程施工监测技术规范》DG/TJ 08－2224 等相关规范的要求。

9.6.4 隧道沉降监测点布设应符合以下规定：

1 隧道段监测点应结合地质条件、结构形式、使用要求、健康状况等参数合理布设。监测点的标志宜选用不锈钢或铜质材料制作，顶部立尺部位呈半球形。

2 轨道交通隧道段的监测点应符合现行上海市工程建设规范《城市轨道交通结构监护测量规范》DG/TJ 08－2170 的相关规定。

3 市政隧道沉降点布设宜符合以下要求：

1） 矩形段应在每条伸缩缝位置两侧各设置 1 点。

2） 盾构隧道按每 100m 均匀设置 3 点，整 100m 处与收敛测点共断面布设。

3） 每个工作井在四角设置 4 点。

4） 工作井与隧道结合处等特殊部位增加布置监测点。

4 环境条件变化或差异沉降较大时，可根据需要加密布设监测点。

5 沉降监测点应统一编号并具备唯一性，应确定监测点里程，监测点里程应取位到 0.1m，盾构法隧道段的监测点还应明确其所在环号。

9.6.5 沉降监测一般采用水准测量方法实施，测量内容应包括高程基准网测量和变形点的监测。基准网测量和沉降观测应符合本标准第 9.2、9.3 节的相关规定。

9.6.6 收敛监测点的布设应符合以下规定：

1 轨道交通的盾构隧道宜按每 5 环间隔布设。

2 公路隧道、市政管线隧道监测点间距不宜大于 100m。

3 工作井与区间隧道分隔处（盾构隧道区间隧道的第一环、最后一环）、轨道交通隧道联络通道两侧等结构过渡处、结构薄弱处应布设收敛断面。

4 收敛监测点应统一编号并具备唯一性，应确定断面里程，里程应取位到 0.1m，盾构法隧道段的监测点还应明确其所在环号。

9.6.7 隧道收敛监测的方法，应根据精度要求、隧道埋深、结构特点、环境状况、设计要求等因素确定。当需要测量特定位置的净空对向相对变形时，应采用固定测线法；当需要测量连续范围的净空收敛变形时，可采用激光扫描仪法。收敛监测应符合本标准第 9.2、9.3 节的相关规定。

9.6.8 隧道水平位移监测监测点应结合地质条件、结构形式、使用要求、健康状况等参数合理布设，水平位移监测点宜采用小棱镜等固定观测标志。水平位移基准网、监测点的测量应符合本标准第 9.2 节、9.3 节的相关规定。

9.6.9 当区间隧道、车站侧墙等结构出现明显裂缝时，应进行裂缝监测。当要监测盾构隧道相邻管片的错动或结构缝两侧相对位移变化时，可根据需要进行接缝监测。裂缝或接缝监测应符合本标准第9.3节的要求。观测成果应以展开图的方式描述裂缝的位置、走向、长度、宽度，注明裂缝编号及观测日期等。

9.6.10 隧道运营期的周期应符合以下规定：

1 隧道变形监测频率，宜根据地质条件、结构形式、环境复杂程度确定，并符合相关养护标准或委托要求。

2 历年的监测应在相对固定的季节和气象条件下进行外业观测。

3 结构变形大、变形速率大、地质条件复杂、受周边作业影响等情况发生时，应增加监测点密度、观测频率，必要时还应进行自动化监测。

9.7 水利与水运建(构)筑物监测

9.7.1 水利与水运建(构)筑物及其附属设施的变形监测项目和内容，应根据建(构)筑物结构及布局、基坑深度、水库库容、地质条件、开挖断面和施工方法等因素综合确定。监测内容宜在满足工程需要和设计要求的基础上，可按表9.7.1选择。

表9.7.1 水利与水运建(构)筑物变形监测项目

阶段	项目	主要监测内容
施工期	高边坡开挖稳定性监测	水平位移、沉降、挠度、倾斜、裂缝
	堆石体监测	水平位移、沉降
	结构物监测	水平位移、沉降、挠度、倾斜、接缝、裂缝
	临时围堰监测	水平位移、沉降、挠度
	建(构)筑物基础沉降监测	沉降
运行期	堤坝	水平位移、沉降，坝体表面接缝、裂缝、应力、应变等
	涵闸、船闸	水平位移、沉降、挠度、裂缝、张合变形等
	其他建(构)筑物	按照工业与民用建筑监测的技术要求

9.7.2 施工期变形监测的精度要求,应符合表9.7.2的规定。

表9.7.2 施工期变形监测的精度要求

项目名称	位移量中误差(mm)		备注
	平面	高程	
高边坡开挖稳定性监测	3	3	岩石边坡
	5	5	岩土混合或土质边坡
堆石体监测	5	5	—
结构物监测	根据设计要求确定		
临时围堰监测	5	10	—
建(构)筑物基础沉降监测	—	3	—
裂缝监测	1	—	混凝土构筑物、大型金属构件
	3	—	其他结构

9.7.3 堤坝变形监测的精度要求,应符合表9.7.3的规定。

表9.7.3 堤坝变形监测的精度要求

项目	测量中误差(mm)
沉降	1.0
水平位移	5.0
坝体表面接缝、裂缝	0.2

9.7.4 堤坝变形监测点的布设,应符合下列规定:

1 坝体的变形监测点,宜沿坝轴线的平行线布设。点位宜设置在坝顶和其他能反映坝体变形特征的部位;在关键断面、重要断面及一般断面上,应按断面走向相应布点。

2 混凝土坝每个坝段,应至少设立1个变形监测点;土石坝变形监测点,可均匀布设,点位间距不宜超过100m。

3 有廊道的混凝土坝,可将变形监测点布设在基础廊道和中间廊道内。

4 水平位移与沉降变形监测点,可共用同一桩位。

9.7.5 堤坝的变形监测周期,应符合下列规定:

1 坝体施工过程中,应每半个月或每个月观测1次。

2 坝体竣工初期,应每个月观测1次;基本稳定后,宜每3个月观测1次。

3 每年的长期监测应在固定的季节和气象条件下观测。

4 当出现下列情况之一时,应及时增加观测次数:

1)水库首次蓄水或蓄水排空。

2)水库达到最高水位或警戒水位。

3)水库水位发生骤变。

4)高低温气象天气。

5)位移量显著增大。

6)其他需要增加观测的情况。

9.7.6 涵闸除进行位移监测外,还应进行闸门、闸墙的张合变形监测。监测中误差不应超过1.0mm。大型涵闸的变形监测点,应布设在闸墙两边和闸门附近等位置。

9.7.7 其他水利和水运建(构)筑物的监测可按照工业与民用建筑监测的技术要求。

9.8 数据整理与提交

9.8.1 对变形监测的各项原始记录,应及时整理、检查。每期观测结束后,应及时处理观测数据,编制监测成果。

9.8.2 监测项目的变形分析包括几何分析,宜包括下列内容:

1 观测成果的可靠性,包括参考点的稳定性分析、观测值的平差处理和质量评定。

2 监测体的累计变形量和两相邻观测周期的相对变形量分析。

3 成果应记录荷载、气象、温度等情况。

9.8.3 变形监测数据处理中的数值取位要求,应符合表9.8.3的规定。

表 9.8.3 数据处理的取值精确度

等级	方向值 (″)	边长 (mm)	坐标 (mm)	高程 (mm)	水平位移量 (mm)	沉降量 (mm)
一、二等	0.01	0.1	0.1	0.01	0.1	0.01
三、四等	0.1	1	1	0.1	1	0.1

9.8.4 变形监测项目，宜提交下列有关资料：

1 变形监测成果统计表。

2 监测点位置分布图；建筑裂缝位置及监测点分布图。

3 各测项的监测值及本次变形量、累计变形量，绘制典型断面差异变形曲线或典型监测点历时变形曲线。

4 盾构法隧道等结构的收敛成果应描述监测量与设计值的差异情况。

5 倾斜测量成果应描述测量位置、倾斜方向、偏移量、倾斜率、倾斜率变化速率。

6 裂缝或接缝监测成果应描述裂缝的位置、走向、长度、宽度和错台情况，注明裂缝编号及观测日期等。

7 有关荷载、温度、变形量相关曲线图；荷载、时间、沉降量相关曲线图；沉降速率、时间、位移量曲线图。

8 其他影响因素的相关曲线图。

9 变形监测报告，总体变形情况综述和局部特殊变形特性说明。

10 成果管理

10.0.1 城市工程测量的成果资料应及时整理和归档，确保成果正确、资料完整、管理有效。

10.0.2 测量成果是在测量工作中形成的，具有保存和追溯价值，便于查询利用的纸质和电子文件资料。主要包括：

1 测量技术方案或技术设计书。

2 各类原始观测手簿。原始观测手簿信息应填写完整、字迹清楚。

3 原始电子数据（卫星定位、电子水准仪、全站仪等观测数据）。原始观测电子数据应包含观测仪器、观测日期、观测员、记录员、检查员等信息。

4 测量日报表、阶段报告和技术总结报告。测量成果报告应与测量工作同步生成、搜集与整理，确保资料真实、系统、完整、准确。

5 仪器检验和期间核查资料。

6 施工过程相关检验资料。

7 其他测量相关技术文件。

10.0.3 测量资料应以文件形式提交或保存。测量资料应适当地辅以表格、图片，并加以说明，失效成果应明确标注，并应符合以下规定：

1 观测记录内容完整、齐全，有相关责任人签字。

2 平差计算过程及成果、图表和各种检验、分析资料应完整、清晰。

3 图式符号应规格统一、注记清楚。

4 按归档要求装订成册。

10.0.4 测量归档资料的储存和保管，应符合下列要求：

1 纸质文件资料储存环境应满足防火、防盗、防渍、防有害生物、温湿度控制等条件，防止文件损坏、变质和丢失。

2 电子资料可采用移动硬盘、光盘等介质存储；原始观测电子数据应刻录光盘保存拷贝件。电子介质存储的数据资料应有安全防护和备份，防止未经授权的复制或修改。

3 涉密测量成果资料，应按相关保密规定配备专用计算机存储，并指定专人管理。

附录 A 深式水准点结构及埋设

A.0.1 深式水准点的结构及埋设应符合图 A.0.1 的要求。

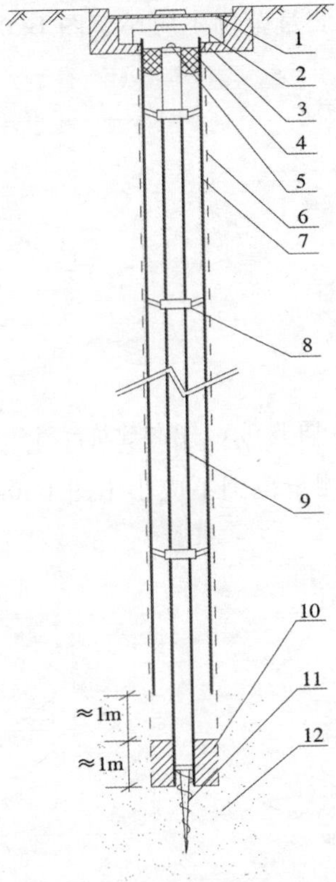

1—盖板；2—铁箱；3—砌体；4—无阻力柔性垫料（浸油麻丝等）；5—不锈钢标头；6—孔壁（ϕ 120）；7—套管（ϕ 70）；8—扶正器；9—基准杆；10—水泥浆；11—标底（彩花钢钻头）；12—⑦$_{-2}$层密实砂层（标贯击数 $N>30$）

图 A.0.1 深式水准点结构及埋设

附录 B 日照测量的范围及细部采集位置

B.0.1 客体建筑的测量范围不应小于图 B.0.1 的范围。

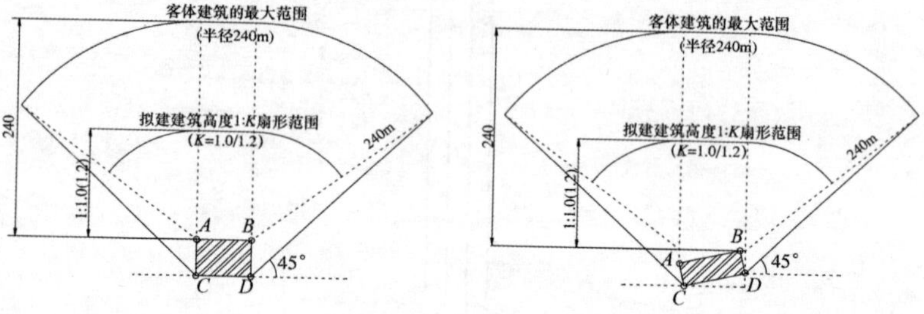

图 B.0.1 客体建筑范围

B.0.2 主体建筑的测量范围不应小于图 B.0.2 的范围。

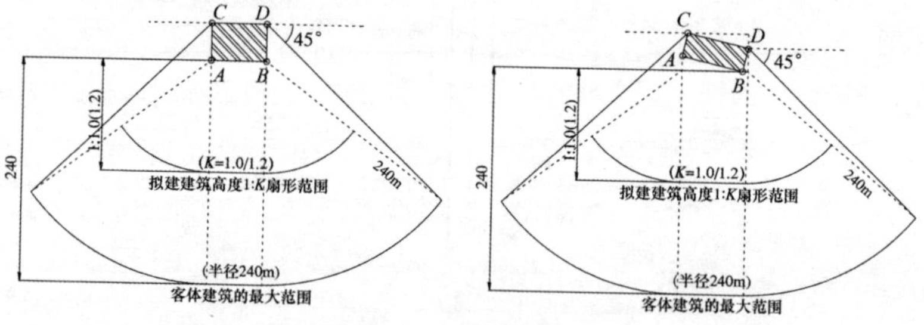

图 B.0.2 主体建筑范围

B. 0. 3 门、窗坐标采集位置应符合以下规定：

1 一般以窗户外墙面为计算基准面，如图 B. 0. 3-1 所示。

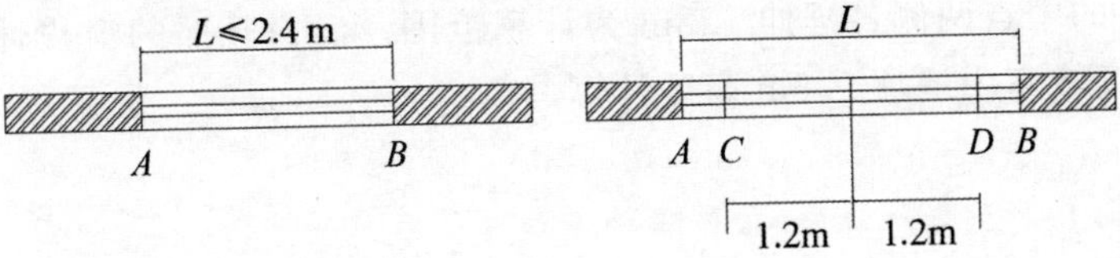

图 B. 0. 3-1 门、窗坐标采集基准

2 直角窗、转角弧线窗、凸窗等，一般以居室洞开口为计算基准面，如图 B. 0. 3-2 所示。

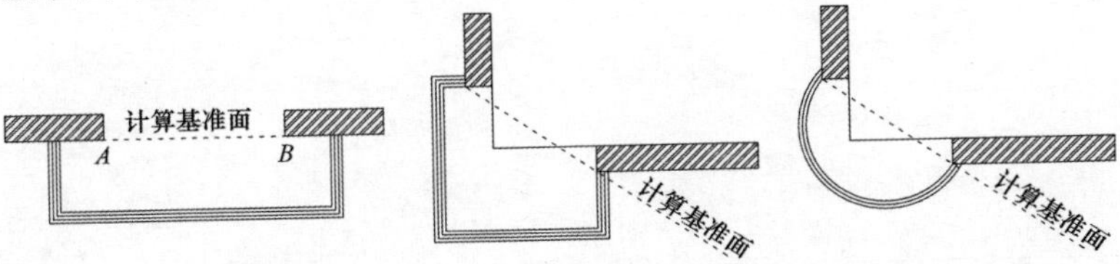

图 B. 0. 3-2 直角窗、转角弧线窗、凸窗的采集基准面

3 两侧均无隔板也未封闭的阳台，以居室窗户的外墙窗台面为计算基准面。

4 两侧或一侧有分户隔板的阳台，以阳台的栏杆面与外墙相交的墙洞口为计算基准面。

5 设计封窗的阳台，以封窗的阳台栏杆面为计算基准，如图 B. 0. 3-3 所示。

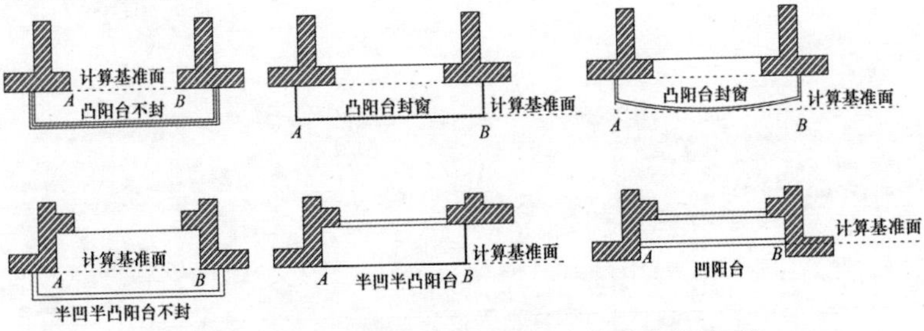

图 B. 0. 3-3 各类凸阳台、凹阳台的采集基准面

6 窗户(或阳台)的宽度小于等于 2.4m 的,按实际宽度的左右两个端点测绘;宽度大于 2.4m 的按 2.4m 计算,以窗户(或阳台)的中点两侧各延伸 1.2m 为计算范围。满窗日照的窗户计算高度按室内地坪 0.9m 高度计算。

本标准用词说明

1 为便于在执行本标准条文时区别对待，对要求严格程度不同的用词说明如下：

1） 表示很严格，非这样做不可的用词：

正面词采用“必须”；

反面词采用“严禁”。

2） 表示严格，在正常情况下均应这样做的用词：

正面词采用“应”；

反面词采用“不应”或“不得”。

3） 表示允许稍可选择，在条件许可时首先应这样做的用词：

正面词采用“宜”；

反面词采用“不宜”。

4） 表示有选择，在一定条件下可以这样做的用词，采用“可”。

2 条文中指明应按其他有关标准执行的写法为：“应符合……的规定”或“应按……执行”。

引用标准名录

1 《国家一、二等水准测量规范》GB/T 12897
2 《国家三、四等水准测量规范》GB/T 12898
3 《近景摄影测量规范》GB/T 12979
4 《地理信息要素分类与代码》GB/T 13923
5 《精密工程测量规范》GB/T 15314
6 《国家基本比例尺地图图式 第1部分：1∶500 1∶1000 1∶2000 地形图图式》GB/T 20257.1
7 《测绘成果质量检查与验收》GB/T 24356
8 《总图制图标准》GB/T 50103
9 《建筑制图标准》GB/T 50104
10 《工程摄影测量规范》GB/T 50167
11 《城市轨道交通工程测量规范》GB/T 50308
12 《建筑工程建筑面积计算规范》GB/T 50353
13 《盾构法隧道施工及验收规范》GB 50446
14 《1∶500 1∶1000 1∶2000 地形图航空摄影测量内业规范》GB/T 7930
15 《1∶500 1∶1000 1∶2000 地形图航空摄影测量外业规范》GB/T 7931
16 《城市测量规范》CJJ/T 8
17 《卫星定位城市测量技术标准》CJJ 73
18 《城市市政综合监管信息系统技术规范》CJJ/T 106
19 《城市市政综合监管信息系统管理部件和事件分类、编码及数据要求》CJJ/T 214
20 《建筑变形测量规范》JGJ 8

21 《测绘技术总结编写》CH/T 1001
22 《公路勘测规范》JTG C10
23 《水运工程测量规范》JTS 131
24 《地面三维激光扫描作业技术规程》CH/Z 3017
25 《三维地理信息模型生产规范》CH/T 9016
26 《铁路工程测量规范》TB 10101
27 《高速铁路工程测量规范》TB 10601
28 《地下管线测绘规范》DG/TJ 08－85
29 《1∶500 1∶1000 1∶2000 数字地形测量规范》DG/TJ 08－86
30 《城市轨道交通结构监护测量规范》DG/TJ 08－2170
31 《地下管线探测技术规程》DG/TJ 08－2097
32 《建筑工程交通设计及停车库(场)设置标准》DG/TJ 08－7
33 《机械式停车库(场)设计规程》DGJ 08－60
34 《无障碍设施设计标准》DGJ 08－103
35 《基坑工程施工监测规程》DG/TJ 08－2001
36 《卫星定位测量技术规范》DG/TJ 08－2121
37 《城市轨道交通工程施工监测技术规范》DG/TJ 08－2224

上海市工程建设规范

城市工程测量标准

DG/TJ 08－2312－2019
J 15141－2020

条文说明

2020　上海

目　次

Contents

1 总 则

1.0.1 本条阐明了制定本标准的目的和原则。

自20世纪后期以来，上海市城市建设大规模发展。轨道交通大规模建设，至2019年年底，运营里程达705km，已成为目前世界上运营里程最长的城市。同时也涌现了大量典型工程，如：上海磁浮示范线、上海光源等超高精度工程，东海大桥、长江大桥等大型桥梁工程，陆家嘴地区的上海中心、环球金融等超高层建筑，洋山深水港、青草沙水库等大型水利水运工程，等等。这些工程建设过程中，对工程测量不断提出新任务、新课题和新要求，工程建设积累了很多有益的测量经验，有力地推动和促进了工程测量事业的进步与发展。

另一方面，自动化测量、监测技术广泛应用于上海轨道交通结构、大型市政工程、公共建筑的日常结构健康监测。如全站仪应用于结构的水平位移、差异沉降、径向收敛，静力水准、电水平尺应用于结构的差异沉降，倾角计应用于倾斜监测，固定式测斜仪应用于深部土体位移等。

与国内其他地方比较，上海开发建设的工程规模大、难度高，自动化监测需求强烈、普及程度高，且上海市地质条件软弱，地基变形控制标准与其他地区有差异。本标准在控制点选埋和测量、现状测绘的内容和要求、施工测量中超高层测量实施和大跨度桥梁的监控量测、规划测量和规划监督测量的内容和要求、变形观测的方法等多方面，体现了上海工程测量的特点和特色。编制本标准，有利于上海地区的工程测量经验沉淀，指导本地区后续同类工程的测量实施，也可供同行借鉴。

1.0.3 采用中误差作为衡量精度的指标，并以 2 倍中误差作为极限误差。根据偶然中误差出现的规律，以 2 倍中误差作为极限误差时，其误差出现的或然率不大于 5%，这样规定是合理的。

2 术语与符号

2.1 术 语

2.1.1 本标准的城市工程测量，包括控制测量、现状测绘、定线和订界测量、施工测量、建筑工程多测合一、变形监测、测量成果整理等内容。

2.1.9 倾斜观测时，通常不同高度观测点的连线与竖向结构轴线不平行，因而，倾斜观测的结果为不同周期的倾斜量增值与倾斜率增值；只有当不同高度观测点的连线与竖向结构轴线平行时，才能计算建筑的倾斜量与倾斜率。

3 基本规定

3.1 坐标系统

3.1.1 上海已建立并采用与国家测绘地理基准 CGCS 2000 系统相联系并相对独立和统一的上海平面坐标系统，上海多年来大量的基础测绘资料、重大工程测量资料均基于此坐标框架。

为方便利用已有测量资料，便于城市管理，规划测量、建设工程多测合一、现状测绘、城市重大市政交通设施施工测量的平面坐标系，应采用上海平面坐标系统。

施工测量为结合设计图、方便施工放样，平面坐标系可采用与建筑设计轴线相平行或垂直的建筑坐标系，但使用时应与上海平面坐标系统进行联测并建立转换关系。

变形监测可采用独立坐标系，条件允许时，应与上海平面坐标系统建立联系。地下室、运营隧道等地下空间，采用的独立坐标系确实难以与城市坐标系联测时，此时控制点应具有足够的冗余度，确保在个别点位位移时，能够恢复独立坐标框架和评定监测对象的变形情况。

3.1.2 虽然华东地区、长江沿岸等多地广泛采用吴淞高程系，但由于地面沉降、起算点和起算数据差异等历史沿革影响，实际基面是不一致的，各地吴淞高程与国家 85 高程基准的换算不一致；不同地区的吴淞高程与国家 85 高程换算时，需要仔细核对。

上海地区的吴淞高程系基于佘山基点，上海地区多年来的基础测绘资料、重大工程测量资料的高程系统均采用吴淞高程系，上海地区采用的吴淞高程系已与国家 1985 黄海高程系有明确的换算关系。施工测量采用±0.00 高程基准时，应与吴淞高程系联测并建立转换关系。

为便于测绘技术人员了解吴淞高程系的历史沿革，下文引述1999年出版的《上海测绘志》的第一篇中第二章“高程控制测量”：

上海地区的高程系统历来采用吴淞高程系。吴淞高程系起源于“吴淞零点”。而用来作为吴淞零点的基准点，则先后有张华浜水准基点、佘山水准基点、宁沪佘山基岩点。

吴淞高程系与国家1956年黄海高程系的差值，在上海市境内为1.6297米。

一、吴淞零点和吴淞高程系

清咸丰十年(1860年)，海关巡工司在黄浦江西岸张华浜建立信号站，设置水尺，观测水位。光绪九年(1883年)巡工司根据咸丰十年至光绪九年在张华浜信号站测得的最低水位作为水尺零点。后又于光绪二十六年，根据同治十年至光绪二十六年(1871—1900年)在该站观测的水位资料，制定了比实测最低水位略低的高程作为水尺零点，并正式确定为吴淞零点(W. H. Z)。以吴淞零点计算高程的称为吴淞高程系，上海历来采用这个系统。民国11年(1922年)，扬子江水利委员会技术委员会确定长江流域均采用吴淞高程系。1951年，华东水利部规定，华东区水准测量暂时以吴淞零点为高程起算基准。

二、张华浜水准基点

光绪九年，海关巡工司曾在张华浜信号站水尺附近埋设小石桩，并接测其高程为17英尺(5.182米)，作为张华浜水尺的水准基点。

民国10年，上海浚浦局考虑到小石桩不稳固，于是在离该标石不到300米处，用一根长为7.32米的钢筋混凝土桩，打入土中作为水准基点。桩顶嵌有铜标，测得其高程为吴淞零点以上5.105米。桩顶地面筑有窨井，加水泥盖板保护，取名张华浜水准基点，作为吴淞高程系的起算基准。直至50年代中期，张华浜基点因严重下沉而停止使用。

三、佘山水准基点

张华浜水准基点埋入土中深度仅7米多，离基岩尚远，稳定性差。民国11年6月，上海浚浦局在佘山南山腰天主堂前的岩石壁上，嵌入长305毫米、直径75毫米的球端铜棒，作为永久性的吴淞高程系水准基点，称佘山水准基点。其高程是民国10年4月2日从位于闵行的S26水准点出发，测至佘山山脚下的牌楼底座上。次年6月，再连测到佘山水准基点，高程为151.131英尺(46.0647米)。佘山水准基点建成后，因离开市区较远，还要引测上山，使用不便，故未立即投入使用。直至民国26年，为复测市中心城区及张华浜水准基点时才启用。

佘山水准基点标志的球端铜棒于1967年冬被窃，所幸江苏省水利厅曾于1951年7月在该基点下方约1米处设置一个副点，并埋设铜质标志，编号为苏0—1—1。1973年初，由水文地质二大队和市测量总队共同按原样将铜球标志恢复，其高程是根据苏0—1—1点的高程精密复位，保持原来的数值，并取名为佘山老基点A。1979年9月发现铜球标志再次被窃。1988年，长江水利委员会在该处重新埋设水准标石，但其高程已非原数据。

四、宁沪佘山基岩点(佘山新基点)

1964年9月，根据上海地面沉降专家会议的建议，由水文地质工程地质第二大队(以下简称水文地质二大队)和市测量总队在佘山北麓青松公路旁的山坡岩层上，埋设两组不锈钢标志，其中高的一组为主点，低的一组为副点，主、副点旁各设一个参考点，命名为佘山宁沪基岩点。取该点与佘山水准基点及其副点苏0—1—1点的9次联测高程中数为新点的高程。1979年6月上海市测绘处以《关于上海市高程控制系统起始点报告》函报国家测绘总局，提出将宁沪佘山基岩点定为上海地区水准测量推求高程的起算点，简称佘山新基点，并被纳入国家沪宁一等水准路线内。

五、吴淞高程系与1956年黄海高程系的基面差江苏省水利厅于1953年以精密水准测量方法施测了佘苏线(佘山—苏州)、佘高线(佘山—金丝娘桥—高桥—张华浜)和佘张线(佘山—张华浜)等3条水准路线,观测高差纳入华东地区高程控制网,参加国家测绘总局主持的1957年中国东南部地区精密水准网平差。平差后的水准点高程均为1956年黄海高程系,佘山水准基点既有黄海高程(44.4350米),又有吴淞高程(46.0647米),两者之差为1.6297米,即在上海地区吴淞高程系基面比1956年黄海高程系基面低1.6297米,远离上海的地区,同一点的两个高程值之差会略有不同。

1987年5月经国务院同意,启用1985年国家高程基准,其起算点仍为1956年所用的青岛水准原点,1985年的新高程值比1956年的旧高程值小0.0289米。

3.2 测量实施

3.2.1 工程测量活动全过程主要包括项目准备阶段、方案设计阶段、项目实施阶段、测绘成果质量检查验收阶段、成果管理与使用阶段等环节。

项目准备阶段主要工作包括资料搜集、整理和分析。应收集工程设计文件,起算点、地形图等已有测绘成果,地质水文情况等与方案设计、控制点选埋、工程测量实施等相关的资料。

实施单位应根据项目的特点和测量目的,对已有资料进行分析,尽可能充分利用现有资料推进工程测量工作有序开展,同时避免重复作业和资源的浪费。

3.2.2 工程测量活动必须遵循“先设计后生产”的原则,坚决杜绝“边设计边生产”或“未设计先生产”等现象。技术设计必须通过评审或审批后,方可开展后续测量工作。技术方案设计变更应提供充分的论证说明材料,并经重新审核、批准。

技术设计工作应经项目现场踏勘,明确工作量估计、选定作业方法、确定测量的精度指标以及需要形成的测量成果形式等内容。项目设计书或技术设计书宜包括下列内容：

1 工程概述，说明任务的来源、目的、作业内容以及完成时间等情况。

2 测区情况，作业区域环境概况和可利用资料情况。

3 引用文件，说明编写技术设计所引用的标准、规范或其他技术文件。

4 设计方案内容包括：

1） 制定技术路线及作业流程。

2） 明确技术要求及技术指标。

3） 作业所需仪器的类型、数量、精度指标以及仪器校准或检定的要求。

4） 作业所需的数据处理、存储的要求。

5） 专业应用软件和其他软、硬件配置方面需特别规定的要求。

5 工程组织与进度安排。

6 质量保证措施和要求，包括生产过程中的质量控制环节和产品质量检查的主要要求。

7 成果内容和提交方式、资料归档。

8 附录，包括附图、附表。

3.2.3 根据原国家测绘局1996年5月22日发布的《测绘计量管理暂行办法》规定，使用的测绘计量器具，必须经周期检定合格，才能用于测绘生产。未经检定、检定不合格或超过检定周期的测绘计量器具，不得使用。

《测绘计量管理暂行办法》规定的检定周期表摘抄如表1所示。

表1　测绘计量器具目录(暂行)

项目	名称	检查周期
计量标准器具	多齿分度台、彩电副载波校频仪、经纬仪检定仪、水准尺检定仪、激光干涉仪、水准器检定仪、因瓦基线尺、周期误差测试平台、长度基线场、GPS接收机检定场、航测仪器检定场、重力仪格值检定场、高低温箱、温度膨胀系数检定设备、计时设备、温度计、气压计、频率计等	执行国务院计量行政主管部门或测绘主管部门的规定
工作计量器具	经纬仪:光学经纬仪、激光经纬仪、电子经纬仪、陀螺经纬仪; 水准仪:光学水准仪、激光水准仪、电子水准仪、自动安平水准仪; 测距仪:光学测距仪、微波测距仪、激光测距仪、电磁波测距仪; 电子速测仪(全站仪); 全球定位系统(GPS)测量型接收机; 重力仪:微伽级重力仪、毫伽级重力仪; 尺类:钢卷尺、水准标尺、基线尺、线纹米尺、坐标格网尺	1. J2级以上经纬仪,S3级以上水准仪,精度优于10mm+3ppm的GPS接收机,精度优于5mm+5ppm的测距仪、全站仪,伽级重力仪以及尺类等一般为1年;其他精度的仪器一般为2年; 2. 新购置的以及修理后的仪器、器具应及时检定
	平板仪:光学平板仪、电子平板仪; 摄影仪:航空摄影仪、地面摄影经纬仪; 测图仪器:立体坐标量测仪、精密立体测图仪、解析测图仪、自动绘图仪、数字采集仪、坐标展点仪、直角定点仪; 工程仪器:准直仪、铅直仪、扫平仪; 其他辅助设备:直角棱镜、重锤、拉力器等	1. 一般为2年; 2. 新购置的以及修理后的仪器、器具应及时检定; 3. 测图仪器可暂由使用单位自行检校

注:本表摘抄自《测绘计量管理暂行办法》。

3.2.4　原始观测数据的记录包括纸质记录和电子记录。

纸质记录的格式和要求,应满足《国家一、二等水准测量规范》GB/T 12897、《国家三、四等水准测量规范》GB/T 12898、《工程测量规范》GB 50026、《卫星定位城市测量技术规范》CJJ/T 73等国家或行业相关标准的规定。

各种全站仪、水准仪、GNSS接收机电子记录具体格式和内容各不相同，行业单位或第三方也开发了多种控制测量、地形测绘等测量电子手簿。电子记录不宜统一规定，但内容和要求，应满足《测量外业电子记录基本规定》CH/T 2004、《水准测量电子记录规定》CH/T 20016、《导线测量电子记录规定》CH/T 2002等相关规定。

3.2.5 测量作业结束后应及时整理资料、编写技术总结。技术总结编写应重点突出、文理通顺、表达清楚、结论明确。技术总结宜包括下列内容：

1 概述：任务来源、目的、委托单位、作业起止时间、作业安排概况、测区范围、行政隶属、自然地理特征、交通情况和困难类别、作业技术依据和实际完成的工作量。

2 利用已有资料情况：采用的基准和系统，起算数据情况，资料的来源和利用情况，资料中存在的主要问题和处理方法。

3 作业方法与作业过程、质量和有关技术数据：控制测量的作业方法、使用的仪器、精度指标及检验情况；专项测量的作业方法和精度；重测、补测情况；作业环境，工作量与工日情况；作业过程中出现的主要问题和处理方法；新技术、新方法、新仪器的采用及其效果。

4 野外数据检核、重合点情况，数据后处理内容、方法与软件情况。

5 技术结论：对测绘产品成果质量、设计方案和作业方法等的评价，提出遗留问题的处理意见。

6 经验、教训和建议。

7 附图、附表：包括控制网图、精度统计表和上交测绘成果清单等。

3.3 成果质量检查

3.3.1 成果的质量检查验收应实行“两级检查、一级验收”制度。本条规定了成果质量检查的要求，过程检查应由测量单位作业部门进行，最终检查应由测量单位质量管理部门进行。

验收由项目委托方组织实施，或其委托有资质的测绘机构实施质量检验。验收的技术标准执行现行国家标准《测绘成果质量检查与验收》GB/T 24356、《数字测绘成果质量检查与验收》GB/T 18316。

3.3.5 测量成果归档。测量成果档案包括测量实施过程中生成的各类纸质和电子记录。归档材料必须完整、准确，能全面、真实地反映工程测量生产和科研活动的全部过程及其结果。档案的载体、电子文件格式、纸质文件的格式和装订应满足相关要求。纸质文件归档资料应书写规范、字迹工整、图样清晰，应采用铅笔或水笔书写，禁止采用圆珠笔书写，并装订成册。

测量成果报告提交后应及时整理测量成果资料，并完成归档入库工作。测量日常生产过程宜按档案管理的要求同步完成资料整理工作，工期较长的工程，宜分批归档。测量成果资料宜包括下列内容：

1 任务书(合同书)、技术设计书。

2 利用已有的成果资料情况。

3 仪器检校资料和自检原始记录。

4 控制点选点、埋设过程的照片，点之记。

5 外业原始观测数据、外业观测手簿、内业解算数据、平差计算数据及成果。

6 测量日报、阶段成果报告及内外业资料。

7 质量检查资料。

8 技术总结。

9 设计网图、观测网图、数据处理用图、成果图。

10 坐标、高程成果。

11 其他内容或说明。

4 控制测量

4.1 一般规定

4.1.1 本章为控制测量的一般要求，供后续第5～9章引用。后续有特殊要求时，增加相应技术要求。

4.1.2 对于一般工程，现行国家标准《工程测量规范》GB 50026和现行行业标准《城市测量规范》CJJ/T 8有一致的规定：每千米长度变形不应大于25mm，即其相对中误差为1/40 000。这样的长度变形，可满足大部分建设工程施工放样测量精度不低于1/20 000的要求。

投影长度变形满足具体工程的需要，是建立或选择平面坐标系统的前提条件。工程测量中的投影长度变形主要由两种因素引起：

① 测距边归算到参考椭球面上的变形影响，其值ΔS_1为：

$$\Delta S_1 = H_m / R \times S_0 \tag{1}$$

式中：H_m为归算边高出参考椭球面的平均值；S_0为归算边的长度；R为归算边方向参考椭球法截弧的曲率半径。归算边长的相对变形为：

$$\Delta S_1 / S_0 = H_m / R \tag{2}$$

由上式可计算每千米的长度投影变形值，如表2所示。

表2 每千米长度投影变形值

H_m(m)	10	20	30	40	50	80	100
ΔS_1(mm)	−1.6	−3.1	−4.7	−6.3	−7.8	−12.6	−15.7
$\Delta S_1/S$	1/637 000	1/318 500	1/212 000	1/159 000	1/127 400	1/79 000	1/63 700

从表 2 可以看出，ΔS_1 是负值，表明将地面实量长度归算到参考椭球面上，总是缩短的。上海地区地势平坦，原地面高出参考椭球面的 H_m 较小，除高空楼顶的导线边需考虑此因素的影响外，一般地面控制测量时不用考虑。

② 将参考椭球面上的边长归算到高斯投影面上的变形影响 ΔS_2，其值为：

$$\Delta S_2 = y_m^2/2R^2 \times S_0 \tag{3}$$

式中，S_0 为投影归算边长；y_m 为归算边两端点横坐标平均值；R 为参考椭球面平均曲率半径。投影边的相对投影变形为：

$$\Delta S_2/S_0 = y_m^2/2R^2 \tag{4}$$

根据以上公式可计算出每千米长度投影变形以及相对投影变形值，如表 3 所示。

表 3　每千米长度投影变形以及相对投影变形值

y(km)	10	20	30	40	50	80	100
ΔS_2(mm)	1.2	4.9	11.1	19.7	30.7	78.7	133.0
ΔS_2/S	1/810 000	1/200 000	1/90 000	1/50 000	1/32 000	1/12 700	1/8 000

从表 3 可见，ΔS_2 总是正值，表明在椭球面上长度投影到高斯面上，总是增大的；ΔS_2 随着 y_m 平方正比而增大，离中央子午线愈远，其变形愈大。上海地区最西边青浦的淀山湖西侧，与中央子午线的距离大于 50km，不能满足 1/40 000 的要求。

高精度工程对投影长度变形有特殊要求。如上海磁浮示范线工程，根据德方 Dok.-Nr. MVP-52D0000-RS9602《磁浮高速铁路行车路线测量指导书》中提出的，投影变形值的限制范围规定，整个线路范围内的长度变化每百米不超过 1mm，即 1/100 000，则保长投影线的最大投影带区约为 2×25km，而磁浮线路浦东机场附近距离上海平面坐标系的中央子午线约为 31km，不能满足要求。GNSS 网计算时，需把中央子午线移到测区中部，为了与基础测绘成果相衔接，中央子午线网的 Y 坐标不取 0，而取上海城市坐标值(平移量)。

4.1.3 控制测量的方案设计和测量时,应充分调查和利用城市SHCORS站、已有等级控制点、不同比例尺地形图,以及已有轨道交通工程建设时布设的平面控制点、深埋水准点等点位。当利用这些点位时,应进行现场踏勘,验证其是否满足要求;利用这些成果时,应对现场平面坐标、高程进行检核测量。

4.1.4 工程测量控制网有两个特性:

一方面,总体上需要符合城市总体规划,各种建筑服从园区整体布局,这方面的控制测量要"从整体到局部""从高级到低级"。

另一方面,工程建设常常局部有特定的高精度的需求,工程测量更强调相对精度,常常以相邻点相对点位中误差或特定方向上的相对位置精度作为精度指标。大范围满足局部的精度需求,会造成投入浪费。因此,可布设成整体框架下的局部加强网,此时可不受起算点等级的限制,常常可以采用一个点的坐标和一条方位边进行起算。

4.1.6 上海地区地质条件脆弱,测量控制点极易受周边施工活动影响,日常应加强控制点保护,控制点使用前应进行相邻几何关系的检测。施工期长的项目,控制测量成果应定期复测。

4.2 平面控制测量

4.2.1 本条规定了各等级控制网精度等级划分,规定了不同等级控制网的测量角中误差、测距中误差。

控制点间的边长可根据实际工程需要进行调整,但角度、边长精度应符合表 4.2.1 的规定。GNSS 测量时,约束平差后的最弱边相对中误差应满足表 4.2.1 中边长相对中误差的要求;各等级边角网采用测距仪进行边长测量时,边长相对中误差应满足表 4.2.1 中相应要求,超短边应提高测距中误差。

4.2.3 上海市已建成连续运行基准站系统 SHCORS 并投入运营，系统包含 10 个基准站站点，如图 1 所示。完成上海地区似大地水准面精化模型建设并提供解算服务，可供城市工程测量应用。

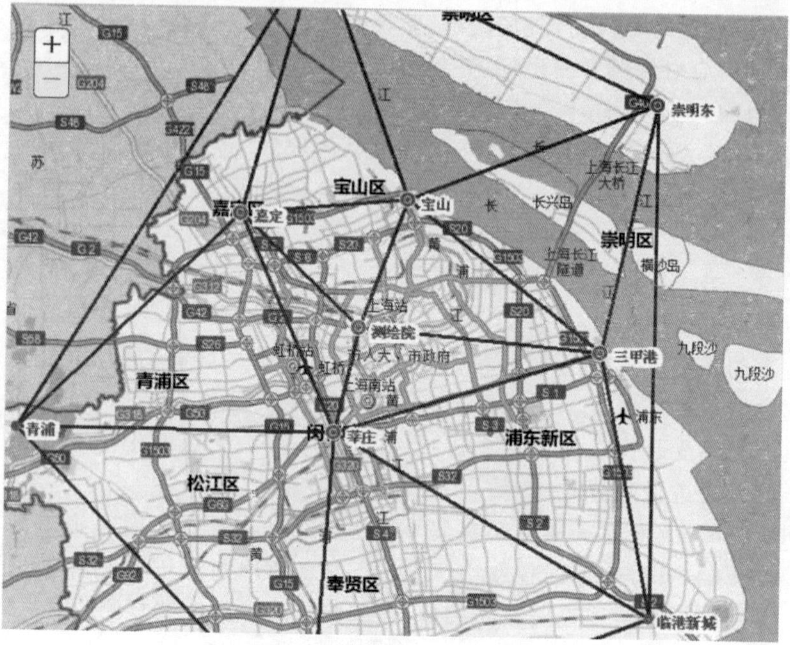

图 1　SHCORS 基准站站点分布图

（详图可查询“上海市测绘基准服务平台”）

上海地区开展的网络差分动态测量应在城市 CORS 系统服务中心进行登记、注册，并在 SHCORS 的有效服务区域内进行。在通信条件差等困难情况下，可采用单基站或后处理的测量模式。

4.2.8 RTK 1 测回观测需要搜索、锁定卫星，进行初始化，稳定收敛后才可进行观测。根据多种类型仪器的测试结果，完成测前的一系列准备工作平均在 40s 以上，为了保证测回间的初始化时间，测回间的时间中断间隔应大于60s。同时，测回间隔一段时间可以消除因卫星分布不同、差分信号不同、电离层扰动影响等产生单次整周模糊度确定不可靠的影响，从而保证各测回间的相互独立。

经过大量试验统计，RTK测量的平面点位中误差优于±30mm，坐标分量应优于$30/\sqrt{2}=21mm$。因此，本标准规定测回间的平面坐标分量较差应小于20mm，垂直分量较差应小于平面坐标分量的1.5倍，即30mm。

4.2.10 RTK测量每个测定点都是相互独立的，点与点之间没有直接关系，对于因意外产生的粗差无法发现。因此，为提高RTK测量的可靠性，保证仪器各种设置正确，测量过程中应选择一定数量的已知坐标点进行测量校核，以检查用户站设备的可靠性以及坐标转换参数的准确性。

4.2.13 本标准的边角网，是以测边、测角为观测量的常规控制网统称，包括导线（导线网）。相对于卫星定位测量的布网灵活、精度均匀，随着高精度全站仪、测距仪的出现，边角网更容易满足局部的高精度，在工程测量、特别是精密工程测量领域，应用仍很普遍。

现行国家标准《工程测量规范》GB 50026中的三角形网、导线，以及现行行业标准《城市测量规范》CJJ/T 8的中边角组合测量、导线测量，这两个常用的标准叫法未统一。考虑到此类控制测量最基本的观测量都是水平角、水平距离，因此，本标准统称为边角网，把导线（导线网）作为边角网的特例。本节在排版上，把边角网排在前面，导线网排在后面，并根据实际应用情况，导线网限制在四等以下。

关于测角仪器的等级划分，本标准直接划分为0.5″级、1″级、2″级、6″级。传统对光学经纬仪的系列划分方法为DJ05、DJ1、DJ2、DJ6等，随着全站仪、电子经纬仪的普及应用，这一划分方法已显得不够全面。为了规范编写的方便，本标准采用大家对常规测量仪器的习惯称谓，测角仪器直接称为0.5″级、1″级、2″级、6″级。对于其他精度的仪器，如，3″、5″等类型，使用时，按“就低不就高”的原则归类。

4.3 高程控制测量

4.3.2 上海地区软基深厚，地表的浅埋水准点受地下水降水、基坑开挖等邻近施工活动影响严重。本标准附录A的深式水准点标型，是根据上海地区多年的轨道交通工程测量实践总结而得，是解决上海地区高程控制点稳定性的实用方法。

4.3.7 当测段数为20及以上时，应按现行国家标准《工程测量规范》GB 50026的相关要求，计算每千米水准测量的高差偶然中误差、每千米水准测量高差全中误差；当测段数不足20时，水准测量闭合差应满足本标准第4.3.3条的要求。

4.3.9 行业标准《高速铁路工程测量规范》TB 10601－2009第4.4.1条认为：精密光电测距三角高程测量主要用于困难山区代替二等水准测量，所采用的全站仪应具有自动目标识别功能，仪器标称精度不应低于0.5″，1mm＋1ppm。

行业标准《高速铁路工程测量规范》TB 10601－2009中表4.4.4明确了精密光电测距三角高程测量观测的主要技术要求，如下所示。

等级	边长(m)	测回数	指标差较差(″)	测回间垂直角互差(″)	测回间测距较差(mm)	测回间高差较差(mm)
二等	≤100	2	5	5	3	4
	100～500	4				
	500～800	6				
	800～1000	8				

大量实践也表明，利用高精度全站仪配合专门的觇牌、棱镜组及配件进行三角高程测量，在一定条件下可代替三、四等甚至二等水准测量。磁浮轨道梁精调工程时，高架桥上、下高程联测采用了精密三角高程测量，统计表明，测量精度达到了二等的技术指标。

本标准采纳类似规范、相关文献资料的经验，规定三角高程适用于二等的局部测段、水准测量较困难地区的三等及以下水准测量。同时，全站仪已普及，野外控制测量时一般不用钢尺量距，本标准的三角高程测量即为激光测距三角高程测量。

同时，本标准也规定了，使用三角高程方法测量高差，可仿照水准测量方法形成闭合路线或附合路线，计算闭合差，削弱偶然误差的影响。对于局部高差较大的场合，也可在水准测量中个别高差较大的测段使用三角高程方法测量高差，并将此高差与水准测量高差一起计算，但平差计算时应根据距离、仪器精度合理定权。

4.3.10 二等三角高程应用于高程引测，在磁浮工程中积累了大量数据。

磁浮轨道梁精调时，要把高程引测到离地面 10 多米高的盖梁上，精度为±1mm。实施时，采用不量仪器高、棱镜高的三角高程测量解决了高程传递的问题，如图 2 所示。

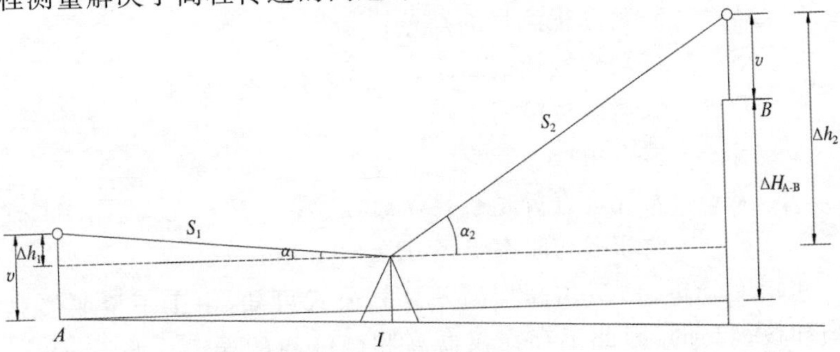

图 2　精密三角高程测量示意

在图2中，为了测量点 A 到点 B 的高差，在 I 点处安置全站仪、A 点处安置棱镜，测得 I-A 的距离 S_1 和垂直角 α_1，从而计算 I 点处全站仪中心的高程 H_I：

$$H_I = H_A + v - \Delta h_1 \tag{5}$$

然后把 A 点处的棱镜丝毫不改变其长度安置于 B 点处，测得 I-B 的距离 S_2 和垂直角 α_2，从而计算 B 点的高程 H_B：

$$H_B = H_I + \Delta h_2 - v \tag{6}$$

点 A 和点 B 高差 H_{A-B} 为

$$\begin{aligned}\Delta H_{A-B} &= H_B - H_A = v - \Delta h_1 + \Delta h_2 - v \\ &= \Delta h_2 - \Delta h_1\end{aligned} \tag{7}$$

从式(7)看出，欲求的点 A 和点 B 的高差已自行消除了仪器高和棱镜高，也就不存在量取仪器高和棱镜高的误差了。

三角高程高差计算公式为

$$\Delta h = S_i \times \sin\alpha_i + (1-k)\frac{S_i \times \cos^2\alpha_i}{2R} - \left\{S_j \times \sin\alpha_j + (1-k)\frac{S_j \times \cos^2\alpha_j}{2R}\right\} \tag{8}$$

或

$$\Delta h = D_i \times \tan\alpha_i + (1-k)\frac{D_i^2}{2R} - \left\{D_j \times \tan\alpha_j + (1-k)\frac{D_j^2}{2R}\right\} \tag{9}$$

式中：Δh——三角高程测量的高差；

S——仪器到棱镜的斜距；

D——仪器到棱镜的平距；

α——垂直角；

k——大气垂直折光系数，$k=0.14$；

R——地球平均曲率半径，$R=6\,370\text{km}$。

精度分析：由三角高程高差计算公式可知，由于不量取仪器高和棱镜高的，因此不存在仪器高和棱镜高的误差。假设：$m_s = \pm 0.001\text{m}$，$m_{\alpha_v} = \pm 1''$，$m_k = \pm 0.05$，按不同的距离和垂直角计算高差的误差，看出距离在50m、垂直角在30°以内，所计算 $m_{\Delta H_{A-B}}$

基本小于±0.5mm。

表 4　不同视距、不同垂直角条件下单站三角高程精度估算数值表

设：$m_s=\pm0.001m$　$m_{\alpha_v}=\pm1''$　$m_k=\pm0.05$

距离＼垂直角	5°	10°	15°	20°	25°	30°
10m	0.10	0.18	0.26	0.34	0.42	0.47
15m	0.11	0.19	0.27	0.35	0.43	0.47
20m	0.13	0.20	0.28	0.35	0.43	0.48
25m	0.15	0.21	0.28	0.36	0.44	0.48
30m	0.17	0.23	0.29	0.37	0.44	0.49
35m	0.19	0.24	0.31	0.38	0.45	0.49
40m	0.21	0.26	0.32	0.39	0.46	0.50
45m	0.23	0.28	0.33	0.40	0.47	0.51
50m	0.26	0.30	0.35	0.41	0.48	0.52
55m	0.28	0.32	0.37	0.42	0.49	0.53
60m	0.30	0.34	0.38	0.44	0.50	0.54
65m	0.33	0.36	0.40	0.45	0.51	0.57
70m	0.35	0.38	0.42	0.47	0.52	0.58
75m	0.37	0.40	0.44	0.48	0.54	0.59
80m	0.40	0.42	0.46	0.50	0.55	0.59
85m	0.42	0.44	0.48	0.52	0.56	0.60
90m	0.44	0.46	0.50	0.53	0.58	0.62
95m	0.47	0.49	0.52	0.55	0.60	0.63
100m	0.49	0.51	0.54	0.57	0.61	0.65

从而本条要求，在一定的距离（≤50m）和一定的垂直角（≤30°）下，按本条的技术条件，$m_{\Delta H_{A-B}}$ 是能满足±0.5mm 的要求的。

5 现状测绘

5.1 一般规定

5.1.1 现状测绘是为工程的可行性研究、规划、设计、施工、竣工及使用等各阶段提供反映地物地貌及景观特征的现势性地理信息，应用非常广泛。为能反映项目所需的待测区域地理特征，现状测绘的作业时点应根据成果的用途和现势性要求、待测区域地物地貌变化特点等合理确定，如：用于工程设计时，应在工程设计开始前进行测量；用于竣工验收时，应在工程竣工交付前进行测量；用于专项普查时，应在普查时点进行测量等。

本章对上海地区经常开展的几种主要现状测绘活动进行了技术规定。现状测绘成果的主要形式有三维坐标成果、地形成果、断面成果、立面成果及建筑模型等。当需要正射影像图、数字高程模型、数字表面模型、三维城市模型等成果时，可参照其他国家或行业标准。

5.2 图根控制测量

5.2.1 目前地形图测绘都是数字化测绘，故图根控制按照1∶500成图的图根点精度要求进行规定，取消了按照图面0.1mm的规定。同时，由于计算手段、计算方法的进步，取位至毫米位对计算不存在任何附加工作量。

5.3 陆域地形测量

本节的地形测量的通用要求,相对于第 5.4 节的水域地形测量,本节取名为陆域地形测量。目前,地形测量的野外数据采集普遍采用全站仪、低空或高空遥感、激光扫描仪等数字化设备,内业成图也都有配套的计算机软件,因此,地形测量也常称为数字地形测量。

5.4 水域地形测量

5.4.1～5.4.4 本节规定了水域测量的主要内容、比例尺、控制测量、水工建(构)筑物测量、水深测量(主要工作量)、成果资料等。

水域与陆域地形测量,测量比例尺应一致,特殊情况下按工程项目技术要求。由于水域条件的限制,测量控制点一般布设在陆地上,水域测量的控制点检查使用及加密,均应符合本标准第 5.2 节的相关要求。

水域测量成果图,有水下地形图和水深图之分。水下地形图上表示的是水下地形标高数据,水深图上表示的是深度基准面下水深数据。当工程项目需要绘制水深图,应收集并核实深度基准面的来源与数据,必要时可收集附近水文水位站的长期水位观测数据。在技术成果报告中,应提供所采用的深度基准面与吴淞高程系或国家 85 高程基准之间的转换关系。

5.4.5 采用卫星定位测量技术对测深点进行定位,已得到广泛的应用,目前的发展已相对成熟。

RTK 三维水深测量方式,采用 RTK 三维定位技术实时获得测点的平面坐标及 RTK 水位模式下的水深测量,目前已成熟使用。必要时,也需要采用水尺测量水位的传统方式进行数据校核。

5.4.7 测深断面布设应根据工程用途和水深测量的方式确定。单波束测深断面间距和测深点间距是根据水运工程行业基本要求而确定的，在建设前期的现状测绘阶段，测深线断面间距控制在图上 20mm 内，测量船宜按设计的测深航线作业，当偏离航线 1/2 断面间距时，应补测测线。使用测深仪时，测深点间距控制在图上 20mm 内；使用测深杆或测深锤时，测深点间距控制在图上 12mm 内。

多波束测深，测深线一般沿航道轴线或测区长边平行布设。在确定测线长度时，要考虑声速变化的影响，如果变化超过 2m/s，需要重新测定声速剖面。因此，为提高工作效率，作业时需控制测线长度，保证一条测线只测定一次声速剖面。多波束扫测，一般用于要求全覆盖测深的工程项目，相邻有效扫测带间必须有一定的重叠度，设计测深线间距应考虑。具体参数参照现行行业标准《水运工程测量规范》JTS 131。

5.4.9 卫星定位测深点位置的要求说明如下：

1 技术要求主要是基于本标准第 4 章和本章第 5.2、5.3 节的内容，并参考现行行业标准《水运工程测量规范》JTS 131 等的相关规定，考虑了水深测量实际应用及目前卫星定位接收机现状。

2 在控制点上对流动 GNSS 接收机进行检验和比对，用来判断 GNSS 接收机可稳定接收数据并能保证测量成果的准确性。

3 由于 GNSS 接收机与测深仪是两种类型的仪器，即 GNSS 接收机用于点位测量，测深仪用于水深测量。两类仪器采集到的数据进入计算机时，必须保持同步。

5.4.12 水尺设置的原则：所设立的水尺对测区水位变化的范围能做到有效地控制，且相邻水尺的控制范围要有适当的重叠，水位观测资料要能充分反映全测区水位的变化。

在沿海地区或潮汐变化明显的内河进行水位或潮汐观测时，

可使用自记式潮(水)位计来验潮。其目的是为了了解当地的潮汐性质,应用所获得的潮汐观测资料来计算该地区的平均海平面、深度基准面、潮汐预报以及提供不同时刻的水位改正数等。应固定设置在当地理论最低潮面以下的硬质基底上。

5.4.13 为了与水深测量精度相匹配,并略高于其精度,因此对于水尺零点高程或潮(水)位计基点高程的联测,要求不低于图根水准测量精度。

5.4.14 对测深仪作业规定说明如下:

1 换能器安装位置的规定,主要是要求尽量避免因船体运动(摇晃)而产生的干扰。船首附近受水流冲击影响较大,也容易在换能器底部产生气泡,故要求将换能器安装在距船头 1/3～1/2 船长处。多波束换能器一般还安装保护架来保障使用中设备安全。

2 对于坡度变化较大的水下地形,如果定位中心与换能器中心偏移较大将导致所测的水深图失真,影响成图质量,因此必须进行偏心改正。

3 测船因风浪造成的摇动对测深数据有影响。如记录纸上出现有 0.3m～0.5m 的锯齿形变化时,实际水面浪高一般将超出其值 1 倍～2 倍,此时船身大幅度摇动,直接造成换能器入水深度变化较大,引起测深误差较大。按沿海和内河船舶的抗风能力,规定了内陆水域和海域不同的回声线波形起伏限值。当起伏变化不大时,风浪对测深精度影响不大,可正常作业。

5.4.15 本条是多波束测深系统的仪器安装、校准、精度和检核等的基本规定。其具体要求可参照现行行业标准《水运工程测量规范》JTS 131 的规定或各型号多波束测深系统的使用说明书。

5.4.16 本条对采用 RTK 三维水深测量水位修正、天线高量取、转换参数求得和验证,作业时船体姿态改正、测量软件、检测精度等主要技术参数作了基本规定,具体要求需参照现行行业标准《水运工程测量规范》JTS 131。

目前，有采用无人测量船进行 RTK 三维水深测量的。大部分无人测量船是采用高强度碳纤维增强型玻璃钢为材料的轻便船，体积小、重量轻，可单人操作，装备 RTK 三维水深测量系统及遥测控制系，适合于内河、浅滩等，目前技术逐步成熟。使用时，应符合以下规定：

1 系统以无人船为载体，集成控制模块、推进模块、无线通信模块、定位导航模块、测深模块等，测量前应检查各模块功能正常。

2 应确认遥控器的传输距离能覆盖现场范围，推进模块能适应现场流速和渔网、鱼线、水草等干扰因素的影响。

3 作业前应将航线数据导入数据采集软件中，正确设置测量船吃水深度、卫星定位天线高、水中平均声速等参数。

4 数据采集前，导航定位模块应与卫量定位基准站连接并取得固定解；数据采集过程中应采取措施，避免测量船搁浅。

5.4.17 水深测量数据检查，由于受装备的限制，一般采用原测量时的同类型测深设备，布置垂直于主测深线的检查线。

由于受多种因素的影响，对不超过 20m 的水深测量，取不同深度测点深度中误差平均值的 $2\sqrt{2}$ 倍，即为 0.4m，作为比对较差的限值指标；对大于 20m 的水深测量，将前述 0.4m 的限值按 20m 水深折合成百分比误差，即为 $0.02\times H$(m)。

5.4.18 水深测量成果应经粗差剔除和系统误差修正。

水深测量粗差，有测量受到鱼群、水草、浮动泥沙等因素影响，会产生噪点。

水深测量精度方面，实践证明，水中的声速是影响水深测量精度的关键因素，而影响声速的主要物理因素有温度、盐度和压力。可采用声速剖面仪直接获取声速，输入测深系统中自动改正。也可简单采用量取水温、含盐度，按现行行业标准《水运工程测量规范》JTS 131 中的公式计算声速，进行计算改正。

5.5 断面测量

5.5.1 线路工程指道路、轨道工程等线状延伸的工程，其纵断面控制工程纵坡走向，横断面控制工程土方计算平衡，不同的工程断面间距要求不同，常规断面测量间距 20m～25m，纵横断面间距根据工程性质及要求确定。

5.5.3 断面测量外业数据采集方法一般有三种：水准仪法、三角高程法和 RTK 法。水准仪法为常规作业方法，即根据中心桩位用皮尺控制距离方向、水准仪测定高程，一般适用于平坦地区或精度要求较高的工程；三角高程法一般适用于地形起伏较大且精度要求较高的工程；RTK 法是用卫星定位来确定断面点的三维坐标，一般适用于非平坦地区或高程精度要求不高的工程。

5.5.5 线路上用于施工的中桩一般高于地面，其可作为断面测量水准转点使用，相应地面标高为其纵断面数据。

1 采用 RTK 作业方式进行纵横断面测量时，纵横断面测量可以和中线测量同步进行。RTK 测定断面线上各点三维坐标，内业整理横断面数据。受 GNSS 高程精度限制，对于测量精度要求小于或等于 5cm 的点位，不宜采用 RTK 作业方式。

2 在初步设计阶段，纵横断面测量可结合数字化测图同步进行，根据图面高程建立 DTM，利用 DTM 数据模型直接内插求取。对于现状道路改建不宜采用 DTM 模型内插。

3 各等级公路测量一般分初测和定测两个阶段。根据设计阶段要求，初测阶段应提供纵断面成果，定测阶段应提供纵横断面成果。公路断面测量中的主线百米桩位和千米桩位的纵横断面数据必须齐全。

4 在道路工程设计中，目前要求提供断面测量数据的形式一般均为电子数据文件，其格式也因设计使用软件不同而要求不同。除电子文件外，一般还需编制纵横断面数据成果表，作为测量报告附件提交。

5 道路纵横断面绘制比例尺需绘制断面图时，一般规定如下：

1）纵断面水平方向比例一般与地形图比例尺相同，一般为1/500；垂直方向为1/50。

2）横断面水平方向比例一般为1/100；垂直方向为1/50。

5.5.12 水域断面测量的测量形式一般为半河床断面测量或全河床断面测量。

5.6 建筑测绘与建模

数字三维模型的制作，宜以数字地形测量成果数据为基础，通过倾斜摄影测量、近景摄影测量、激光扫描或实地测量等方式采集的纹理信息进行建模。按精度及功能性，可划分为粗模、精模和全息模。

数字三维模型制作采集的纹理数据，应色调均匀、反差适中、自然美观，真实反映实际材质的图案、质感、颜色等；对视角或镜头畸变引起的纹理数据变形应进行调整。对纹理数据的影像应进行比例变换，使相同层次模型的纹理分辨率相近；数字三维模型的纹理应与模型细节层次相匹配，其尺寸应为2的n次幂，不宜超过2048×2048像素。

5.7 日照测量

5.7.1 上海市规划管理与日照相关的技术规定主要有《上海市城市规划管理技术规定（土地使用　建筑管理）》（2011修订版）和《日照分析规划管理暂行办法》（沪规法〔2004〕302号）。

《上海市城市规划管理技术规定（土地使用　建筑管理）》第二十七条规定：高层居住建筑与低层独立式住宅的间距，在规定范围内保证受遮挡的低层独立式住宅的居室冬至日满窗日照的有效时间不少于连续 2 小时;与其他居住建筑的间距,应保证受遮挡的居住建筑的居室冬至日满窗日照的有效时间不少于连续1 小时。第三十条规定:医院病房楼、休(疗)养院住宿楼、幼儿园、托儿所和大中小学教学楼与相邻建筑的间距,应保证被遮挡的上述建筑冬至日满窗日照的有效时间不少于 3 小时;浦西内环线以内地区,其间距应保证冬至日满窗日照的有效时间不少于2 小时。

《日照分析规划管理办法》对日照计算规则进行了规定。

因此,日照测量成果应为上述规定提供测量数据,满足日照分析的需要。

5.8 城市管理部件测绘

5.8.4 城市管理部件定位测量包含点、线、面三种,各部件定位测量方式如下:

1 点部件定位测量

点状地物如部件、门牌号码、兴趣点等的定位采集,利用现有的地形图,首先要判定部件在图上位置和实地是否相符。根据实地部件位置和附近稳定地物、地貌特征点的相互(距离、角度)关系进行检验,确定图上位置无误时,在地形图上地物符号几何中心位置画点标定;当实地部件与图上不相符或图上没有时,采用相对定位法和测边交会法确定点部件位置。例如:上水井盖、消防栓、公车候车亭等点状部件。

2 线、面状部件数据定位测量

线状部件可以看成是由部件各相邻特征点间连线。线状部件定位首先定位部件特征点,特征点定位方法同点部件定位方法,然后记录代码、属性和时间信息。面状部件可以看成是线部件的封闭体,定位方法类似,先定位面状部件特征点,再把相邻特征点相连,最后封闭和记录部件代码和时间信息。例如:桥梁、河道等线状部件，桥孔停车场、公共绿地等面状部件。

5.8.5 城市管理部件的属性信息可参照表5。

1 部件基本属性信息内容应符合表5的规定，部件基本属性数据结构见表6。

表5 部件基本属性信息内容

序号	属性项名称	定义与值域范围	约束/条件
1	标识码	部件的标识码	必选
2	名称	部件的标准名称	必选
3	主管部门代码	部件主管部门的代码	必选
4	主管部门名称	部件主管部门的全称	必选
5	权属单位代码	部件权属单位的代码	可选
6	权属单位名称	部件权属单位的全称	可选
7	养护单位代码	部件养护单位的代码	可选
8	养护单位名称	部件养护单位的全称	可选
9	所在单元网格	部件所在单元网格的代码，应符合 CJ/T 213 的规定	必选
10	状态	普查时部件的状态，包括：完好/破损/丢失/占用	普查时必选
11	初始时间	部件信息调查的初始时间（格式为：YYYYMMDD）	必选
12	变更时间	部件信息变更调查的时间（格式为：YYYYMMDD）	变更时必选
13	数据来源	普查部件数据的来源，包括：实测/地形图/其他	可选
14	备注	需要特别说明的内容，如部件类型的进一步说明等	可选

表 6 部件基本属性数据结构

序号	字段名称	字段代码	字段类型	字段长度
1	标识码	ObjCode	char	16
2	名称	ObjName	char	30
3	主管部门代码	DeptCode1	char	10
4	主管部门名称	DeptName1	char	60
5	权属单位代码	DeptCode2	char	10
6	权属单位名称	DeptName2	char	60
7	养护单位代码	DeptCode3	char	10
8	养护单位名称	DeptName3	char	60
9	所在单元网格	BGCode	char	14
10	状态	ObjSate	char	10
11	初始时间	ORDate	char	8
12	变更时间	CHDate	char	8
13	数据来源	DataSource	char	30
14	备注	Note	char	100

2 在表 6 规定的部件基本属性项基础上，可根据业务需要，扩展属性项。扩展的属性项应在规定的部件属性表后按顺序排列。

5.9 安全保护区测绘

5.9.1 为保护城市轨道交通、市政桥梁隧道结构的正常使用和安全，轨道交通、市政桥隧等行政或管理部门发布了多项保护区管理条例、规定或技术标准，在其周边的特定范围内设置了控制和保护区域。国家交通运输部颁布的《城市轨道交通运营管理规定》(中华人民共和国交通运输部令 2018 年第 8 号)第二十九条对城市轨道交通保护区的划分、保护区内作业活动及动态监测要求、巡查管理权限以及设备设施保护措施进行了规定。上海市第十四届人民代表大会常务委员会第9次会议于2013年11月21日修订通过的《上海市轨道交通管理条例》，对轨道交通安全保护区设置、保护区管理也进行了类似规定。上海市城乡建设和交通委员会发布的市政行业标准《城市桥梁、隧道安全保护区域技术标准》（沪建交〔2010〕511号）中，明确了邻近有基坑工程、桩基工程、疏浚工程、爆破工程、堆载或卸载工程时的城市桥梁、隧道安全保护区域。

城市轨道交通、市政桥梁隧道工程设计阶段，通常测绘了沿线1∶500～1∶2000带状地形图。由于这些工程建设期较长，沿线地形地貌变化较大，大比例尺地形图是控制保护区巡查的参照和依据，因此试运营前宜进行控制保护区地形测绘，运营期间应保持控制保护区地形图的现势性。

安全保护区内发生以下施工活动时，应测绘并确认外部作业与被保护结构的相对位置关系：

1 新建、改建、扩建或者拆卸建筑物、构筑物。

2 从事地面堆卸载、开挖、地下顶进、爆破、钻探、桩基础施工、锚杆作业、地基加固等施工作业。

3 修建塘堰、开挖河道水渠、采石、挖砂、打井取水。

4 敷设管线或者设置跨线等架空作业。

5 在过江、过河隧道段疏浚作业。

6 其他可能影响城市轨道交通结构安全的作业。

安全保护区内发现地形地貌变化时，应立即上报，并现场测绘其位置、高度、范围，并应计算其与轨道交通结构的空间相对位置关系。

6 定线与订界测量

6.1 一般规定

6.1.1 定线与订界测量在城市测量中起着重要的作用，本标准要求比现行行业标准《城市测量规范》CJJ/T 8 中要求的点位中误差（不大于 50mm）有所提高。

6.3 订界测量

6.3.1 订界测量又称建设用地界址的订界测量，应根据规划要求，在实地放样出建设用地的边界线，使建设用地边界线与规划道路红线保持正确的相对关系。

7 施工测量

7.1 一般规定

7.1.2 施工测量前,应根据工程任务的要求,搜集和分析相关规划、设计、施工等资料,宜包括下列内容:

1 规划批复文件。

2 工程勘察报告。

3 建筑设计与说明,建筑总平面图、管网图、土方平衡设计图、建筑物基础平面图、轴线平面图、设备基础图、结构设计图等设计图纸及其变更文件。

4 施工组织设计或施工方案。

5 施工测量要求。

6 已有控制点、红线桩点等测量起算资料及其点位分布图。

7 施工场区地下管线、建(构)筑物等测绘成果。

7.1.4 施工图复核计算应符合以下要求:

1 应根据不同施工阶段需要,校核总平面图、建筑施工图、结构施工图、设备施工图等,校核内容应包括坐标与高程系统、建筑轴线关系、几何尺寸、各部位高程等,并应了解和掌握有关工程设计变更文件。

2 需要时,应依据施工图计算施工放样数据、绘制施工放样简图。

7.2 建筑工程量

7.2.2 施工平面控制网分为场区控制网和单体工程轴线控制网

两级。场区控制网测量是建设场区的首级控制测量，它一方面要与城市控制网联测，满足城市规划要求；同时，点位和相对精度要满足场区建设工程定位需要。

大型场地单体工程数量多，各单体工程的测量精度要求不一，总体上为了保证道路、管线、建筑等应满足城市规划的要求，开工前应基于城市坐标系建立场区控制网。

场区内的高耸建筑、设备设施等各个单体，常常定位精度要求各不相同，甚至有严格的相邻位置关系。因此，针对各个单体应建立与要求相适应的单体工程轴线控制网。

单体工程轴线控制网应起算于场区控制网。但为了保证较高的相对精度，平差计算时不宜同时采用太多的场区控制网的约束条件。

7.2.5 建筑物主轴线控制点应在施工现场总平面图中标出其位置，并采取措施加以妥善保护。

7.2.10 基坑围护结构测量、桩基施工测量、土方开挖测量、建筑结构放样等测量精度要求，主要参照现行行业标准《建筑施工测量标准》JGJ/T 408 确定。

7.2.11 建筑轴线竖向投测误差会影响建筑的垂直度，建筑高程传递误差会影响建筑各层面的标高，施工测量应重视轴线竖向投测和高程传递工作。

根据现行国家标准《民用建筑设计通则》GB 50352 的规定：建筑高度超过 100m 时，不论住宅及公共建筑均为超高层建筑。

现行行业标准《高层建筑混凝土结构技术规程》JGJ 3 对高度大于 150m 的超高建筑，轴线竖向投测允许偏差$\leqslant \pm 30$mm；现行国家标准《钢结构工程施工质量验收规范》GB 50205 规定，整体垂直度控制要求偏差(mm)为$H/2500+10$，且不大于 50mm。

本条数据系统计上海地区多幢超高层建筑施工过程中的垂直度和标高实际控制值形成。

7.2.12 竖向传递测量是超高层建筑施工测量最重要的任务，也是超高层建筑施工测量技术研究的主要内容。施工的垂直度测量精度应根据建筑物的高度、施工的精度要求、现场观测条件和垂直度测量设备等综合分析确定，但不应低于轴线竖向投测的精度要求；大型设备基础浇筑过程中，应及时监测。当发现位置及标高与施工要求不符时，应立即通知施工人员，及时处理。

目前，超高层建筑施工竖向测量方法主要有外控法、内控法和综合法三种。

1 外控法。外控法是在建筑物外部，利用经纬仪，根据建筑物轴线控制桩来进行轴线的竖向投测。该方法场地要求高，建筑周边必须开阔，通视条件好。随着超高层建筑高度和城市建筑密度不断增加，外控法作业条件越来越差，因此该方法应用范围逐步缩小，仅限于超高层建筑地下结构和底部结构施工测量使用。外控法也可采用卫星定位技术投测。

2 内控法。内控法即在建筑物内部进行竖向测量，是在超高层建筑基础底板上布设平面控制网，并在其上楼层相应位置上预留传递孔（如 200mm×200mm），利用垂准线原理进行平面控制网的竖向投测，将平面控制网垂直投测到任一楼层，以满足施工放样需要。内控法常用垂准仪法，按照控制点投测方向，又可分为天顶仪法、天底仪法。

3 综合法。内控法虽然弥补了外控法易受环境制约的缺陷，但是随着超高层建筑高度的不断增加，内控法对整体位移与转动难以检查和控制，因此常常要内控法与外控法相结合，采用内控法进行日常传递的同时，阶段性采用外控法进行校核，保证高层建筑的垂直度。

控制轴线投测至施工层后，应在结构平面上按闭合图形对投测轴线进行校核。合格后，才能进行本施工层上的其他测设工作；否则，应重新进行投测。

施工层标高的传递，宜采用悬挂钢尺代替水准尺的水准测量方法并应进行温度、尺长和拉力改正。传递点的数目，应根据建筑物的大小和高度确定。规模较小的工业建筑或多层民用建筑宜从 2 处向上传递，规模较大的工业建筑或高层民用建筑宜从 3 处向上传递。传递的标高校差小于 3mm 时，可取其平均值作为施工层的标高基准；否则，应重新传递。

7.2.13 典型的垂准仪有天底仪（把上部控制点往下投测）、天顶仪（把下部控制点往上投测）。垂准仪观测时，因仪器引起的误差主要包括机座对中误差和垂准仪投点误差。垂准仪投点示意见图 3。

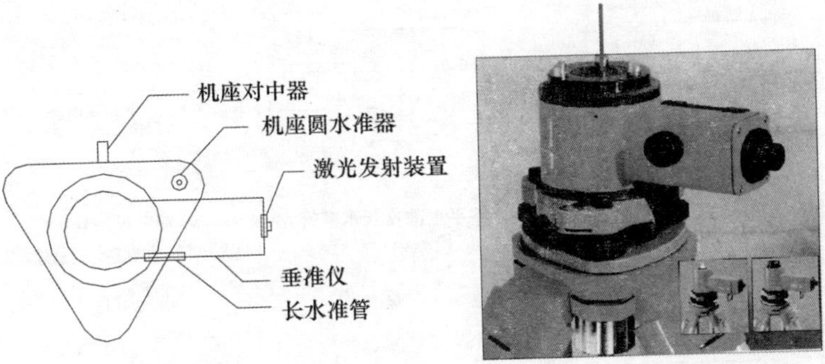

图 3 垂准仪投点示意

为有效削弱机座对中误差和垂准仪投点误差的影响，天顶仪与天底仪作业方法类似，以天顶仪为例，操作过程如下：

1 到达测量现场后，取出垂准仪放置在阴凉处等待不少于 15min，使仪器温度和外界温度一致。

2 在下部控制点上架设垂准仪对中整平，上部机座设置照准装置，1 测回投点顺序如图 4 所示。

3 垂准仪投点时应独立观测 3 测回。为削弱垂准仪轴系误差的影响，测回间机座应旋转 120°，以对中器为参考点，如图 5 所示。

4 取 3 测回 3 个形心的几何中心，用“十”字线标定出，作为最终投测的点位。

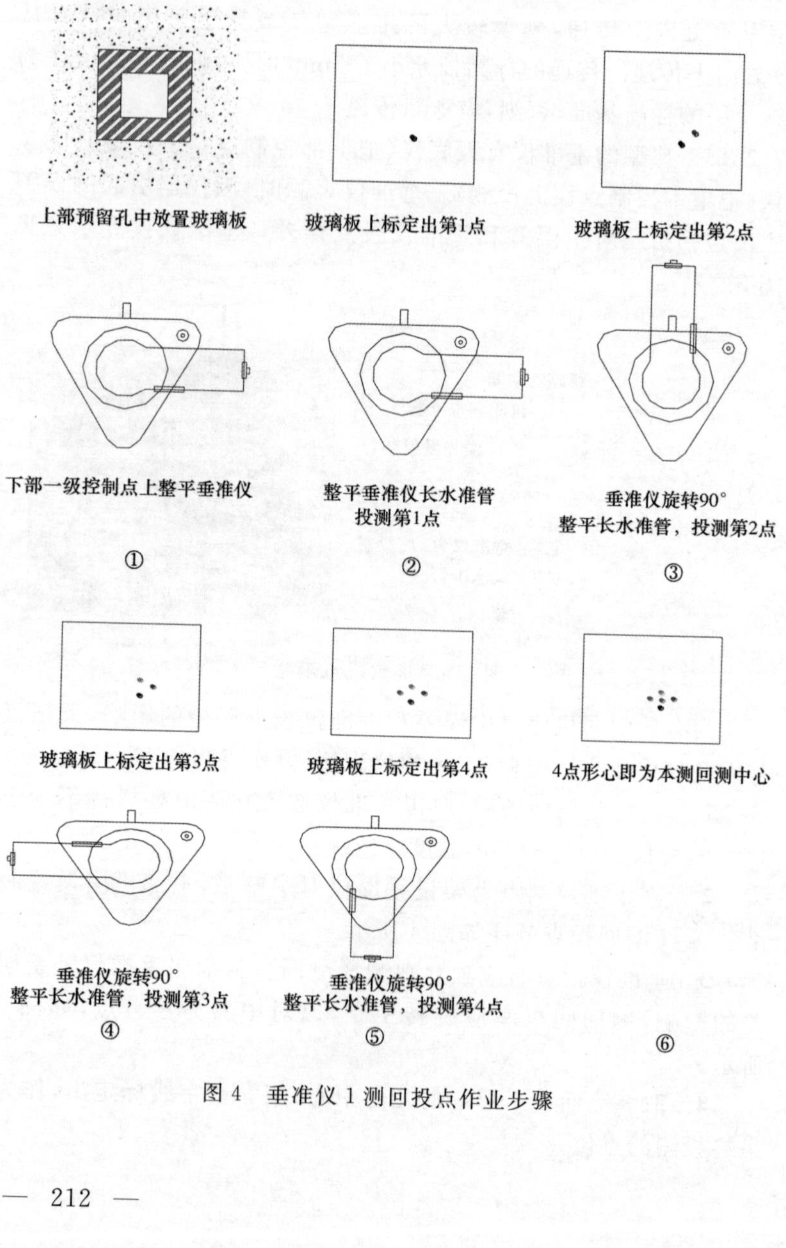

图 4　垂准仪 1 测回投点作业步骤

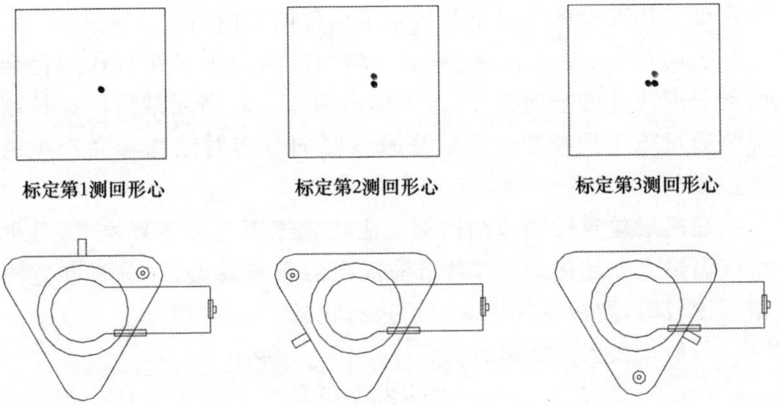

图 5　垂准仪多测回投点作业步骤

7.2.16　高层与高耸混合结构的一般施工流程是核心筒墙体钢柱(混凝土)、巨柱钢框架、内(外)筒楼板压型钢板、楼板及巨柱混凝土。所谓核心筒超前施工,也就是混合结构中核心筒结构先于其他结构施工若干层数,其能保证流水节拍的正常搭接及固着核心筒塔吊的吊装作业。混合结构体系的施工,一般按"筒体先行,框架跟进"的顺序进行,即核心筒先行施工一段楼层,然后再跟进施工外围框架。在整个施工期间,外框架进度总是落后核心筒若干层。

高层与高耸结构在施工阶段中的荷载与结构状态均为时变的,需通过施工控制手段来满足结构在施工精度要求以及安全性要求。

高层与高耸结构施工控制主要包含以下几个方面:一是标高控制,即对因结构竖向变形产生的误差进行补偿,保证建筑结构的标高精度要求;二是核心筒超前施工层数确定,即在保证结构安全性与稳定性的前提下控制核心筒超前于外框架的层数;三是伸臂合拢方案确定,即控制优化施工阶段伸臂桁架的合拢顺序,在保证结构安全的情况下释放水平构件的次内力。

竖向荷载、温度效应、基础不均匀沉降与水平荷载作用都会引起竖向构件的竖向变形，产生标高误差。超高层结构标高控制即是通过施工预补偿的方法来减少竖向变形对结构标高产生的误差影响。

超高层建筑或高耸结构施工往往要经历几个冬夏季节，月平均气温最大差超过 20℃，对结构标高的影响较大，在分析和监测结果比较时，要放在同一温度下进行比较。

一般可按下式概略计算：

$$\delta_H = c \times (20 - t) \times H \tag{10}$$

式中：δ_H——改正数；

c——结构的温度膨胀系数，钢筋混凝土一般取$(1.0 \sim 1.2) \times 10^{-5}$；

t——温度；

H——相对于高度起算位置的高差。

为掌握高耸结构随混凝土徐变、日照、风力等内、外部因素影响程度，评估、削弱或修正其对控制测量、施工测量产生的变形情况，确保施工和运营安全，施工期间的控制测量、测量放样、变形测量同等重要。

有关资料表明，中央电视台日照作用下最大水位偏移达 132mm；日照作用下温度每升高 10℃，阿联酋的迪拜大厦钢筋混凝土核心筒顶部偏移达 150mm；即使没有日照、风力等外界环境影响，高耸建筑物无时无刻处于自振。据相关资料表明，高耸建筑物自振周期在$(0.05 \sim 0.1N)$s（N 为层数）之间，100 层以上自振周期在 5s 以上。

7.2.20 上海迪士尼的游乐设施、大型桥梁基础的钢锚箱、东海大桥主通航孔的导管架、卢浦大桥的拱肋、高速磁浮的轨道梁、工厂的流水线等许多构件和设备，都采用工厂加工、现场拼装的施工流程。近年，建设行业也主推拼装式建造技术，主旨是用工业化生产方式来建造，如房屋的楼梯、外墙、阳台、空调板等都是在工地外的工厂预制后再运往工地“拼装”，并且房屋内部将一次性进行精装修后交付使用。拼装式建造技术有构件精度容易控制、现场工期短、造价便宜等优点。

构件安装测量应按以下流程进行：①现场的施工控制测量和轴线测设应满足前述现场施工测量相关条文的要求；②预埋件埋设后应现场实测坐标，与设计比较的较差应小于调整的裕量；③大型构件应通过实测确定加工件的尺寸，比较与已安装件或预埋件的可连接性；④安装时应依次进行构件粗定位、构件姿态测量与调整、构件位置检测；⑤配合构件运行功能的检测，进行位置和姿态的精确测量。

以卢浦大桥拱肋合龙安装测量为例：一方面，测量人员在合龙前通过48h的跟踪监测，得到了拱肋上监测点位置与日照、温度等环境变化的相关性规律，结合气象台预报，确定合段段尺寸和合龙吊装的最佳时间；另一方面，合龙段加工测量在江南造船厂场地上进行，先对拼装平台（胎架）面进行水准抄平，在确保胎架面平整的前提下，在平台中部选定一坐标原点(0,0,0)，使用TCA2003全站仪现场测设过原点的两条相垂直的直线为X轴和Y轴（轴线方向同大桥施工坐标系），由此建立了合龙段预拼装坐标系，并测设建立场内精密三角网点6个。依据此预拼装坐标系，在AutoCAD软件上按合龙段拱肋结构，求出拱肋各节点的预拼装理论坐标值。拱肋构件由江南造船厂预先按设计要求采用自动数控切割完成、初步焊接，测量人员在此基础上进行预拼装的检测。检测使用TCA2003全站仪，由场内控制点检测拱肋各端点的三维坐标，与相应点的理论坐标值比较，制造方根据偏差值再次调整复位；测量人员再次检测确认，直至满足设计要求。由此，在设计、制造、施工、测量各方共同努力下，2002年10月1日凌晨，卢浦主桥超大跨径钢拱一次吊装顺利合龙。

7.3 桥梁工程量

7.3.5～7.3.9 大跨度空间结构属高次超静定结构，设计与施工高度耦合，所采用的施工方法、安装顺序、加载顺序与成型后的线形及结构内力状态有密切关系。由于受到外界环境因素的影响（荷载增加、温度改变等）和自身材料性能变化，空间结构无论在施工期还是在运营过程中，都会发生几何变形和内力变化。这种预期变形和变化在一定的限度内是正常的现象，但如果超过了规定的限度，就会影响结构的正常使用，严重时会危及结构安全。

在大跨度空间结构工程建设实践和科学研究中，监控占着相当重要的地位。几何监测要与应力应变监测结合，应力应变监测量程适中，并满足相应要求。只有在施工过程中加以有效的应力监测与控制，才能保证结构的受力状态始终处于设计所要求的安全范围之内。

根据桥梁施工经验，在施工过程中影响桥梁结构内力和线形的因素主要有以下几方面：混凝土弹性模量、桥梁施工临时荷载、挂篮定位及变形、日照影响、混凝土浇筑方量的控制、预应力束张拉、合龙时配重、体系转换、混凝土徐变等。当上述因素与估计不符，而又不能及时识别引起控制目标偏离的真正原因时，必然导致在以后阶段施工中采用错误的纠偏措施，引起误差累积。故施工监测和控制是大跨桥梁施工过程中不可缺少的工序。施工监控流程如图 6 所示。

从监控测量方式上来说，分为人工监测（定期，结合季节引起的温度变化）、自动监测（传感器、数据采集系统在线监测）、人工与自动化的联合监测。

常用测项和监测方法如表 7 所示。

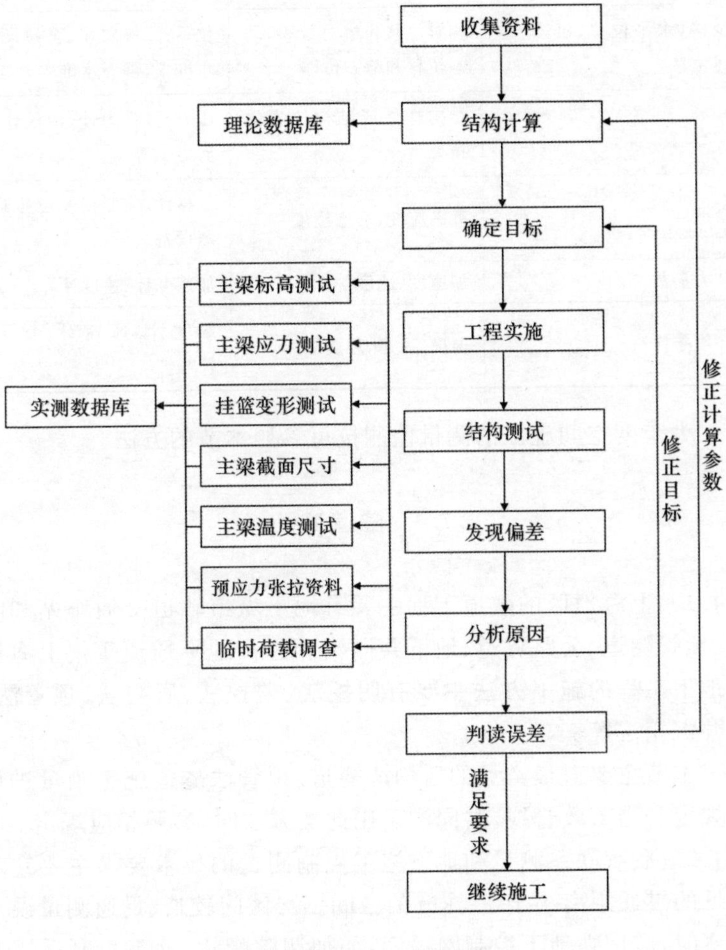
收集资料
理论数据库
结构计算
确定目标
主梁标高测试
主梁应力测试
实测数据库
挂篮变形测试
主梁截面尺寸
主梁温度测试
预应力张拉资料
临时荷载调查
工程实施
结构测试
发现偏差
分析原因
判读误差
修正目标
修正计算参数
满足要求
继续施工

图 6　桥梁施工监控流程

表 7 常用测项和监测方法

监测参数	监测内容	仪器或方法
位移(水平位移、沉降、空间位移)	相对位移和绝对位移,动态位移和静态位移	位移计、倾斜仪、全站仪、水准仪、静力水准等
内力	结构杆件或结构拉索的拉力	压力环、张力计、油压计、剪力销等
变形	静态应变、静态挠度	位移计、应变仪及位移监测设备
动力参数	加速度、速度等	加速度计、速度计
环境条件	温度、风速、地震等	温度计、风速计、地震仪等

大跨度空间施工的测量监测按可参照本节的方法。

7.4 隧道工程

7.4.1 上海地区的隧道工程主要有地下城市轨道交通车站和隧道、顶管隧道、公路隧道、地下共同沟和过街地下通道等。上海地区地下工程的施工方法主要有明挖法、盖挖法、盾构法、顶管法、沉井沉箱法等。

本节主要对最常见的盾构法隧道、顶管法隧道施工测量进行了规定。当市政管线、共同沟采用此类方法时,参照相应规定。

7.4.2 后续联系测量和地下施工控制测量的技术要求主要针对常见的贯通距离小于 1.5km 的区间。当区间较长、贯通测量误差不变时,应增强地下控制网强度,如加测陀螺边、地下控制采用双导线等形式,以提高测量精度。

表 7.4.2 中,地铁隧道、公路隧道的贯通精度要求参考现行国家标准《盾构法隧道施工与验收规范》GB 50446 确定。

7.4.6 现行国家标准《城市轨道交通工程测量规范》GB/T 50308

中，高程控制分为一等、二等两个等级，其一等精度和技术要求与现行国家标准《国家一、二等水准测量规范》GB/T 12897 中二等相当，二等介于《国家一、二等水准测量规范》GB/T 12897、《国家三、四等水准测量规范》GB/T 12898 体系的二等、三等之间。《城市轨道交通工程测量规范》GB/T 50308 的二等相对一等，观测技术要求稍有放宽（摘录如下）：

4.3.4 水准测量观测的视线长度、视距差、视线高度的要求应符合表 4.3.4 的规定。

表 4.3.4 水准测量观测的视线长度、视距差、视经高度的要求(m)

等级	视线长度		水准仪类型	前后视距差	前后视距累计差	视线高度
	仪器等级	视距				
一等	DS1	≤50	光学水准仪	≤1.0	≤3.0	下丝读数≥0.3
			电子水准仪	≤1.5	≤6.0	≥0.55 H≥2.8
二等	DS1	≤60	光学水准仪	≤2.0	≤4.0	下丝读数≥0.3
			电子水准仪	≤2.0	≤6.0	≥0.55 H≥2.8

4.3.5 水准测量测站观测限差应符合表 4.3.5 的规定。

表 4.3.5 水准测量测站观测限差(mm)

等级	上下丝读数平均值与中丝读数之差	基、辅分划读数之差	基、辅分划所测高差之差	检测间歇点高差之差
一等	3.0	0.4	0.6	1.0
二等	3.	0.5	0.7	2.0

注：使用电子水准仪观测时，同一测站 2 次测量高差较差应满足基、辅分划测高差较差的要求。

经调研，上海市轨道交通工程、市政隧道工程的高程控制测量大多执行现行国家标准《国家一、二等水准测量规范》GB/T

12897 中二等要求，本条直接引用二等。

考虑到施工期的隧道内观测条件较差，本标准第 7.4.19 条仍要求执行二等的观测技术要求，但往返较差、附合差不应大于 $8\sqrt{L}$（L 为路线长度，以 km 为单位）。

7.4.9 为了提高定向测量的精度和可靠性，施工期间，一个竖井内的定向测量次数不少于 3 次；贯通距离小于 300m，也不应少于 2 次；当贯通长度超过 1.5km 时，应增加联系测量次数或采用高精度联系测量方法，提高联系测量精度。

7.4.11 联系三角形测量时，悬挂 3 根钢丝组成双联系三角形，可以在增加工作量不多的情况下，提高近 1 倍的定向精度，其测量示意如图 7 所示。

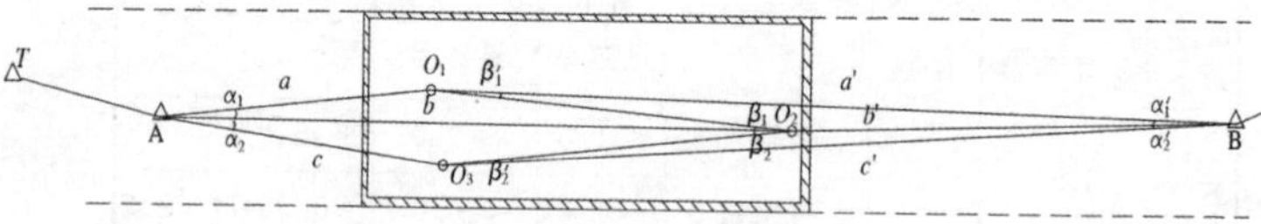

图 7　双联系三角形示意

7.4.18 地下控制网宜布设支导线和支水准路线，有条件时应构成附合路线或网。施工导线和施工水准应随盾构掘进布设，当直线隧道掘进长度大于 200m 或到达曲线段时，应布设施工控制导线和控制水准。

7.4.19 考虑到施工期的隧道内观测条件较差，本条仍要求执行二等的观测技术要求，但往返较差、附合差不应大于 $8\sqrt{L}$（L 为路线长度，以 km 为单位）。

7.4.28 由于顶管工作井内反复进行千斤顶顶进操作，顶管过程中起始点和后视点发生位移是完全可能的，故每次测量应进行轴线与检核点的几何关系检测，应每天进行工作井差异沉降检测，宜每周进行联系测量校核，发现偏移过大需查明原因并及时修正。顶管测量示意如图 8 所示。

地面测量控制网上的部分点在顶管轴线上或工作井附近，可

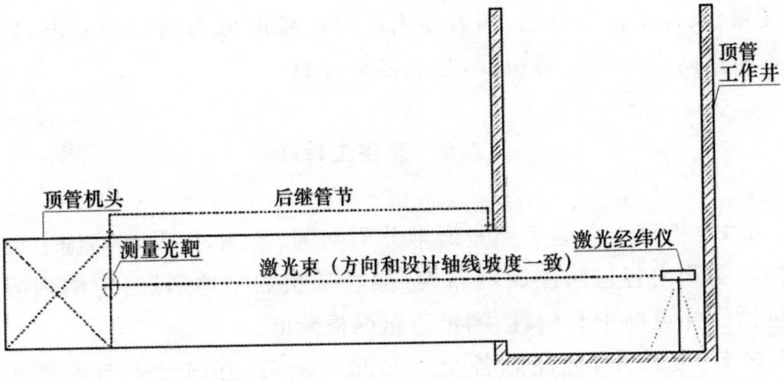

图 8　顶管测量示意

能因地面沉降等原因而移动，故也需不定期进行校核。

实践证明，由于工作井及顶管入口段的大气折光差的影响，水平角观测、三角高程测量等光学测量常常存在较大的系统误差；采用联通管控制顶管机头高程时，也需要定期校正连通管的有效性，因此本条规定每 100m～150m 进行管道中心平面、高程测量，测量时每个接口 1 点。

7.5　城市轨道交通工程

7.5.1　根据现行国家标准《城市轨道交通工程测量规范》GB/T 50308，地面 GNSS 控制网分为两个等级：一等全市轨道交通控制网，二等线路控制网。上海市应城市建设需要，早年已建成上海市统一的控制网体系，包括 SHCORS 站和各等级控制网点，因此无需再建立一等轨道交通控制网。但为满足每条轨道交通线路的建设需要，应建立二等线路控制网。

轨道交通工程线路长，二等线路控制网要与城市建筑协调共存，点位精度分布均匀；同时，轨道交通的施工测量常常采用全站仪测量，相对精度较高。总结上海地区多年来轨道交通工程地面控制测量经验，每站设 1 点，采用 GNSS 观测、边角测量两种手段观测、联合平差的方法，前者能满足点位精度分布均匀的要求，后者能提高点位的相对精度，是非常有效的。

7.6 道路工程

7.6.1 道路工程施工测量通常分为初测、定测，以及道路施工放样。初测内容包括控制网布设、测绘带状数字地形图；定测内容包括放样道路中心线桩、测量道路纵横断面。

7.6.5 复核中，应注意各交点之间的距离、方向是否与图纸相符；如一个工程项目有几个标段，应注意与相邻标段的中心是否闭合，中线测量应深入相邻标段 50m～100m；应注意与桥涵等结构物的中心是否闭合；应注意与房屋等建筑物的相对位置与图纸是否相符。

1 护桩测设。应在施工前对道路上起控制作用的主要桩点如交点、转点、曲线控制点等设置护桩。在道路的每一线段上，至少应有 3 个控制桩要设置护桩。复核通过后，宜将中线桩引测至道路两侧、不受施工影响、易于保存的地方，作为施工控制桩。

2 里程桩测设。直线段应测设整 100m 桩号；曲线段桩位要适当加密，应测设曲线段起讫点、中点的里程桩位和整 100m 桩号；里程桩可用油漆标上里程桩号，打入道路两侧施工范围以外的地上，每侧各打 1 个。在保证施工中不易被破坏的情况下，离路基边线应尽量近一些，以方便使用，一般宜 1m～2m。

3 道路边桩及路面高程桩测设。按设计图纸放样测设，其细部材料各层面的高程和密度宜满足施工要求。应根据施工工序和施工工艺的要求，及时将中线、边线放出。道路的结构层均为大放脚式，每层结构层的宽度、边线与中线的距离不同，故每道工序施工前应放出；如果被破坏，应及时恢复。

7.7 地下管线工程

7.7.1 地下管线工程施工测量的对象包括:给水、排水、燃气、热力管道;各类工业管道;电力、通信电缆。

本节的管线测量主要适用于明挖法施工,大型管线工程采用盾构法、顶管法施工时,应按本标准第7.4节相关要求执行。

7.7.2 管线施工测量的主要内容包括沟槽放线、高程测量和管线主体测设。

1 沟槽放线

1) 放线:准确放出所开挖沟槽的中线及边线,确保工程机械按线施工,同时要在开挖过程中用经纬仪进行中桩设定,每10m一个,保证沟槽底的宽度,避免沟槽偏向。

2) 井位桩:对已经放线确定的井位桩进行引设,设龙门桩(以井位桩为直线中点,在桩两侧设立等距离的桩位),龙门桩的长度必须每侧大于沟槽宽度的50cm以上,保证必要的深度,安放牢固,在开挖的过程中不被破坏。

3) 临时水准点:沟槽内设立的临时水准点必须高于管顶30cm以上,标志明显且不易损坏。在每次使用前,要先搭接复核后,数据在误差范围内方可进行下步测量工作。

2 高程测量:开挖过程中沟槽底部高程测量宜每10m一个测量点。

3 管线主体测设:

1) 腰桩:腰桩的位置必须每10m一道,打设在管道上顶的1cm处,且必须要求工人不得进行人为挪动。

2) 井位桩:对开挖前设立的龙门桩进行引设到沟槽底,方法如下:在原引设的龙门桩上拉线,取中心用铅垂垂入沟槽底部即可。

3）管内底:检查井砌筑前必须对该管道的管内底高程进行严格控制,误差不得超过±1cm。

7.8 水利与水运工程

7.8.1 水利与水运工程施工测量主要是围绕建设场地形成、土建施工、设备安装等开展的,本条所提及的为施工测量的主要内容,其他测量工作可按技术要求和精度控制标准参照执行。

7.8.2 水利与水运工程的规模划分,可参照现行国家标准《堤防工程设计规范》GB 50286 及现行行业标准《水利水电工程等级划分及洪水标准》SL 252 等相关标准确定。

施工控制网是施工放样的基础,对施工控制网的建立说明如下:

1 根据长期施工测量的实践,不同规模的工程,应选用不同等级的施工控制网,做到经济合理。如青草沙水库建设项目属于大型工程,为服务施工需要,测绘单位按二等 GPS 平面控制、二等水准测量建立了首级网,并按各阶段、各参建施工单位的需求布设了加密网。

2 一般情况下,吹填形成的施工区,沉降和变形还没有稳定,布设的控制网在建设初期应加强定期复测。根据中船长兴造船基地、浦东临港重装基地等建设项目的经验,条款中建议每2 个月复测 1 次,并根据控制网点的数据变化量,更新控制点交桩单给参建施工单位,确保施工放样起算数据的正确性与可靠性。

3 大型的、有特殊要求的水工建(构)筑物施工项目,通常以点位中误差作为平面控制网的精度衡量指标,其首级网的点位中误差一般规定为 5mm～10mm。同时也提倡布设一个级别的全面网并进行整体平差。为了防止布网梯级过多,导致最末一级的点位中误差不满足要求,故要求最末级平面控制点相当于起始点或首级网点的点位中误差不应大于 10mm。

7.8.4 水上沉桩施工放样,计算的放样参数应经过复核检查,并在控制点上实地测量验证。在离岸较远的施工项目，目前较多采用RTK法进行。在施工作业船上施测时，应符合本标准第4章要求。

7.8.5～7.8.6 施工放样采用常规的全站仪、测深仪一般能够满足施工要求。测量放样精度要求不作具体规定，可参照设计单位提出的技术要求。

7.8.7 填筑及混凝土建(构)筑物施工放样以轮廓点为放样点。依据各建(构)筑物的建筑材料、重要性等，并参照现行国家标准《工程测量规范》GB 50026来规定放样偏差。实际工程放样作业时，还应满足设计要求。

7.8.8 水工建(构)筑物附属设施安装测量的偏差指标，主要依据设备种类的放样细部来控制，同时由于结构件种类较多，施工放样偏差指标不可能一一具体规定，本条表格中内容及数据为原则性规定。

7.8.9 吹填施工测量工作主要是地形测量，同时吹填区垂直位移观测和围埝水平位移观测等是为了保证吹填高程施工测量内容的完整。

7.8.10 高程控制测量为吹填测量项目的重点，本条规定采用四等水准联测工作水准点，主要是为使吹填区高程测量与附近配套工程(如码头水工、航道等工程)的地形测量高程控制点的精度相适应，同时还要与水位站水尺零点引测精度相适应。

7.8.11 本条为吹填区地形测量增加的具体要求，条款中的规定是从计算工程量和质量检验的目的出发的，并考虑了：①工程量计算误差允许3%；②吹填质量要求平均超填高度及最大高差取值均精确到0.1m。因此，地形测量高程误差不应大于0.05m。

7.8.12 吹填区内垂直位移监测采用设置沉降杆进行连续观测，以反映吹填区的沉降变化量。沉降杆的垂直度应保证。

7.8.13 围埝水平位移观测是一般吹填工程设计的要求，应在工程施工期以及安全期进行沉降和位移观测，并应及时对沉降和位移观测成果资料进行整理并提供能反映沉降和位移过程的图表。

8 建筑工程“多测合一”

8.1 一般规定

8.1.1 上海市规划、建设、交通、市容绿化、民防、消防等相关管理部门联合发布了《关于全面推进工程建设项目“多测合一”改革的实施意见》(沪规土资测〔2018〕591号),要求在建筑工程项目涉及规划土地、房产、绿化市容、民防、交通、消防等行政审批的测绘服务领域全面推行“多测合一”,整合各类测量规范,建立协调统一的建筑工程综合测量技术标准,由一家具备相应测绘资质的服务机构承担规划土地、房产、市容绿化、民防、交通、消防等建筑工程项目审批所需的各项测绘服务,避免重复测绘,减轻企业负担,实现“一次委托、统一测绘、成果共享”。

建筑工程“多测合一”内容主要包括:项目前期的开工放样复验检测,竣工阶段的规划土地综合验收测绘、绿地面积测量、民防工程面积测绘、机动车停车场(库)测量、消防测量和房产测绘等全流程测绘服务。道路桥隧工程、轨道交通工程和地下管线工程“多测合一”内容主要包括:开工放样复验阶段的测量和规划竣工验收测量。

建设单位应将建筑工程项目涉及的行政审批测绘服务委托一家测绘服务机构承担。“多测合一”服务机构应持有测绘地理信息主管部门依法颁发的测绘资质证书,并具备规划测量、地籍测绘和房产测绘等专业子项。

8.1.4 本条相对现行上海市工程建设规范《1∶500 1∶1000 1∶2000 数字地形测量规范》DG/TJ 08－86 提高精度要求,主要考虑“两图融合”等项目的新要求。

8.2 房屋建筑工程

本节专指房地产类建筑工程的“多测合一”的要求。

8.8 绿地面积测量

绿地面积测量的法律、法规依据主要有《上海市绿化条例》《上海市绿化行政许可审核若干规定》。上海市绿化和市容管理局颁布的《上海市绿化行政许可审核若干规定》(沪绿容〔2014〕393 号)中,与建筑工程“多测合一”相关的主要有第十七、十八、十九条。

8.9 消防测量

消防测量应符合竣工验收条件,主要参照现行国家标准《建筑设计防火规范》GB 50016、《高层民用建筑设计防火规范》GB 50045 及现行上海市工程建设规范《1∶500 1∶1000 1∶2000 数字地形测量规范》DG/TJ 08—86。

9 变形监测

9.1 一般规定

9.1.1 本章第 9.1～9.3 节和第 9.8 节对变形监测的一般要求、基准网测量、监测方法选用、监测成果整理等进行了通用性规定；第9.4～9.7 节对常见的房屋建筑、桥梁、隧道、水利与水运建(构)筑等对象的施工期、运营期监测进行了通用性规定；本标准未涉及的结构类型，如城市高架道路、城市地下管线等，基准网布设和监测方法可按本标准实施，监测点布设和监测频率可按管理要求、参照同类技术标准实施。

9.1.4 1981 年，FIG(International Federation of Surveyors，国际测绘师联合会)第 16 届会议认为：为实用的目的，观测精度应不超过允许变形值的 1/20～1/10，或为 1mm～2mm；为科研的目的，观测精度应分别小于允许值的 1/20～1/100，或 0.2mm。

9.1.5 基准点是变形监测的基础和参照，对基准点的最基本要求就是全过程应保持稳定可靠，基准点应设置在变形影响范围以外且位置稳定、易于长期保存的地方，宜避开高压线、塔。

基准点分为沉降基准点和位移基准点。当需同时测定沉降和位移或三维变形时，宜设置同时满足沉降基准点和位移基准点布设要求的基准点。

当基准点与所测对象距离较远致使变形测量作业不方便时，宜设置工作基点。工作基点应设在相对稳定且便于进行作业的地方，并应设置相应的标志。每期变形测量作业开始时，应先将工作基点与基准点进行联测，再利用工作基点对监测点进行观测。

9.1.8 变形监测成果与环境条件相关性较大，观测时宜记录包括荷载工况、天气、温度、气压、降水、水位等环境条件，供数据分析时借鉴。

9.1.11 轨道交通、市政桥隧等行政或管理部门发布了多项保护区管理条例、规定或技术标准。国家交通运输部发布的《城市轨道交通运营管理规定》（中华人民共和国交通运输部令2018年第8号）第二十九条对城市轨道交通保护区的划分、保护区内作业活动及动态监测要求、巡查管理权限以及设备设施保护措施进行了规定。相关内容摘抄如下：

第二十九条　城市轨道交通工程项目应当按照规定划定保护区。

开通初期运营前，建设单位应当向运营单位提供保护区平面图，并在具备条件的保护区设置提示或者警示标志。

第三十条　在城市轨道交通保护区内进行下列作业的，作业单位应当按照有关规定制定安全防护方案，经运营单位同意后，依法办理相关手续并对作业影响区域进行动态监测：

（一）新建、改建、扩建或者拆除建（构）筑物；

（二）挖掘、爆破、地基加固、打井、基坑施工、桩基础施工、钻探、灌浆、喷锚、地下顶进作业；

（三）敷设或者搭架管线、吊装等架空作业；

（四）取土、采石、采砂、疏浚河道；

（五）大面积增加或者减少建（构）筑物载荷的活动；

（六）电焊、气焊和使用明火等具有火灾危险作业。

第三十一条　运营单位有权进入作业现场进行巡查，发现危及或者可能危及城市轨道交通运营安全的情形，运营单位有权予以制止，并要求相关责任单位或者个人采取措施消除妨害；逾期未改正的，及时报告有关部门依法处理。

第三十二条　使用高架线路桥下空间不得危害城市轨道交通运营安全，并预留高架线路桥梁设施日常检查、检测和养护维修条件。

地面、高架线路沿线建(构)筑物或者植物不得妨碍行车瞭望,不得侵入城市轨道交通线路的限界。沿线建(构)筑物、植物可能妨碍行车瞭望或者侵入线路限界的,责任单位应当及时采取措施消除影响。责任单位不能消除影响,危及城市轨道交通运营安全、情况紧急的,运营单位可以先行处置,并及时报告有关部门依法处理。

第三十三条　禁止下列危害城市轨道交通运营设施设备安全的行为:

(一) 损坏隧道、轨道、路基、高架、车站、通风亭、冷却塔、变电站、管线、护栏护网等设施;

(二) 损坏车辆、机电、电缆、自动售检票等设备,干扰通信信号、视频监控设备等系统;

(三) 擅自在高架桥梁及附属结构上钻孔打眼,搭设电线或者其他承力绳索,设置附着物;

(四) 损坏、移动、遮盖安全标志、监测设施以及安全防护设备。

上海市第十四届人民代表大会常务委员会第 9 次会议于 2013 年 11 月 21 日修订通过的《上海市轨道交通管理条例》,对轨道交通安全保护区设置、保护区管理也进行了类似规定。上海市城乡建设和交通委员会发布的市政行业标准《城市桥梁、隧道安全保护区域技术标准》(沪建交〔2010〕511 号)中,明确了邻近有基坑工程、桩基工程、疏浚工程、爆破工程、堆载或卸载工程时的城市桥梁、隧道安全保护区域。要求施工作业期间,建设单位应当委托具有相应资质的专业监测单位对相关城市桥梁、隧道进行动态监护。

根据以上条例、规定或技术标准,城市轨道交通、各类市政交通设施、建(构)筑结构受到邻近施工作业影响时,宜对其受影响的程度和影响过程进行工程影响监测。

工程影响监测内容和要求,应根据其保护等级、与外部作业的距离、地质条件,结合监测体自身的类型和特点、设计及施工工况的要求等因素综合确定。监测点应布设在反映监测对象变形特征的关键部位和受施工影响敏感的部位。

工程影响监测实施，宜符合以下要求：

1 外部作业开始前，应编制监测方案，明确监测内容、方法和报警等内容。

2 完成观测点布置和初始值测量、监测对象结构初始状态调查。

3 工程影响监测应保证监测点与邻近施工区段的对应性，监测范围应覆盖施工影响的全部范围，点位密度宜为5m～20m。

4 初始值观测应在监测点埋设稳定后实施，应独立进行至少2次。其较差不大于测量中误差的2倍时，取均值作为初始值。

5 工程影响监测的观测频率应能满足结构评估需要，施工阶段宜每天监测1次。监测实施过程中，可根据变形速率合理调整观测频率。当监测数据达到报警值后，应加大观测频率。

6 监测期间，应加强施工活动和监测对象的表观巡查，巡查内容可参照表8确定。

表8 表观巡查内容

分类	巡查内容
建(构)筑物	建(构)筑物、桥梁梁体或墩台、既有轨道交通结构、既有公路隧道结构等的裂缝位置、数量和宽度，混凝土剥落位置、大小及数量，新旧建(构)筑物连接处的错台、设施的使用状况等情况
路面或地表	路面或地表的裂缝、沉陷、隆起、冒浆等的位置、数量、范围等情况
地下构筑物	建(构)筑物地下室的积水、渗水、管道的漏水等情况
地下管线	地下管线的漏水、漏气等情况

7 监测过程应及时提交监测成果，包括日报表、阶段成果和总结报告。日报表应在每次观测后及时整理提交；阶段成果应根据外部作业节点、城市轨道交通结构变形情况定期整理提交，阶段成果宜与长期监测成果进行比对；总结报告在项目结束后按期

提交。监测日报表和阶段报告的内容应满足以下要求：

1） 日报表内容包括：工程施工工况、监测工作情况、仪器型号和编号、观测时间、天气、各观测项目的本次变化量、累计变化量、变化速率、报警情况、观测成果初步分析及其他相关资料。

2） 阶段报告内容包括：外部作业工况、观测项目的阶段变化量、累计变化量、变化速率、监测点布置图、断面曲线图及典型监测点的历时曲线图、阶段分析报告与建议等。

8 变形量或变形速率达到或超过报警值时及时报警，并符合以下规定：

1） 监测控制指标应根据监测对象的结构特点、已有变形或病害状况、安全运营要求、地质条件、外部作业特点及类似工程经验等因素确定，其具体取值应在工程影响监测方案中明确。

2） 累计变形值的报警等级划分及应对管理措施，宜符合表 9的规定（摘抄自上海市工程建设规范《城市轨道交通结构监护测量规范》DG/TJ 08－2170－2015）。

表 9　监测报警等级划分及应对管理措施

报警等级	监测比值 G	应对管理措施
无	$G<0.6$	不报警，可正常进行外部作业
一级（黄）	$0.6\leqslant G<0.8$	监测报警，并采取加密监测点或提高监测频率等措施加强对城市轨道交通结构的监测
二级（橙）	$0.8\leqslant G<1.0$	应暂停外部作业，进行过程安全评估工作，各方共同制定相应安全保护措施
三级（红）	$1.0\leqslant G$	启动安全应急预案

注：1　监测比值 G＝监测项目实测值/结构安全控制指标。

2　监测报警等级的划分，应考虑城市轨道交通结构形变监测数据的变化速率值。

3）轨道交通、市政设施的沉降、水平位移、隧道收敛等变化速率值连续3d超过2mm/d时，监测报警等级宜评定为二级及以上。

9 施工作业完工后，宜跟踪监测，直至变形趋于稳定。

9.2 监测基准

9.2.3 本条的城市大型基础设施，包括轨道交通、市政高架等工程。

9.2.4 由于轨道交通、市政隧道等沉降监测时，要在午夜停止运营或封道后实施。上海地铁或市政隧道一般每周最多2d、每天最多3h的作业"窗口时间"，时间非常有限。另一方面，高等级水准测量"后—前—前—后"的观测次序主要为削弱仪器下沉、尺垫下沉、前后视光照影响等误差源，而轨道交通、市政隧道内都是硬化路面，仪器下沉、尺垫下沉影响小；都是晚间作业，水准尺自带照明设施，光照均匀。因此，观测次序结合现实需求放宽，但须确保达到相应等级的精度指标。

经统计轨道交通多年的沉降测量实测资料，证明水准路线的闭合差、每千米高差偶然中误差、每千米高差全中误差都能满足规范要求，且85%以上能小于规范指标的50%。

9.3 监测方法

9.3.15 接缝与裂缝不同，接缝是两个相邻结构之间的间隙，裂缝是由于结构内部应力过大而产生的缝，需关注相邻结构的接缝宽度变化时，应进行接缝监测。当监测体出现裂缝时，应根据需要进行裂缝监测。

9.4 房屋建筑监测

9.4.9 大跨度建筑指横向跨越 60m 以上空间的各类结构形式的建筑，常见有影剧院、体育馆、展览馆、大会堂、航空港候机大厅等民用建筑，大跨度厂房、飞机装配车间和大型仓库等工业建筑，及大型桥梁等大空间或超大空间结构基础设施。大跨度空间结构往往是衡量一个国家或地区建筑技术水平的重要标志。其结构形式主要有网架结构、网壳结构、悬索结构、膜结构、薄壳结构等五大空间结构。

当大型结构发生突发性损伤时，如果能够及时做出判断和警报，采取应急处理措施，可以防止损伤进一步发展和引发其他事故；对于长期在役的重要结构，如果能够定期对其累积损伤的程度做出正确评估，可以充分掌握结构的工作状态，确保结构的安全。在此工程背景下，结构健康监测应运而生，并成为土木工程学科发展的一个重要领域。

监测与分析工作应贯穿于工程的设计、施工、运营全过程，可归纳为以下步骤：

1）首先是监测方案设计和监测仪器选定。根据工程规模、特点及功能等要素，设计监测系统总体方案，选定能达到监测精度指标和技术要求的监测方法与仪器，提出合理的监测工况和频率，提交监测工程的仿真计算。考虑监测项目布置的合理性、监测数据的可利用性，以保证监测数据满足分析的要求。

2）传感器与观测标志安装埋设。此阶段应选择合适的传感器量程及传感器的标定，做好现场安装、埋设、调度与维护工作，保证安装位置的正确性及安装的成活率。

3）观测阶段。按工程进展又分为施工期监测、运营期监测。施工期监测应与工况相结合，运营期监测应注意观测的气候季节影响、外界温湿度以及邻近环境变化的影响。

4）分析与反分析。注重监测成果反映被监测体的实际状态，及时发现可能存在或下一步可能存在的问题，并将有用的信息进行反分析。监测的评价分析工作要保证实时性和延续性。

监测与分析在保证工程安全上的作用，主要体现在以下三个方面：

1）实时掌握被监测体的工作状态，评价其安全性。施工期的监测信息反馈给设计、施工部门，验证设计、施工方案，在出现异常情况时及时指导、调整施工；运营期监测信息反馈给管理部门、生产部门，便于维护保障、调整生产运行，确保安全。

2）根据已测资料预测被监测体下一步或近期工作状态，并给出安全评价，对可能的不安全情况给以预警，从而借以调整施工步骤和方式、运行的关与停，并在出现不良后果之前采取补救措施。

3）以实测状态检验、提高现有设计、施工水平。采用实测数据对设计的假定、不确定因素、简化计算进行反分析，对改善设计理论、修正设计参数、完善施工措施，从而提高工程建设质量及安全性。

9.5 桥梁监测

9.5.1 桥梁的种类较多，主要以梁式桥、拱桥、悬索桥、斜拉桥为主。十多年来，我国各种桥梁的建设速度发展很快，桥梁的变形监测是桥梁施工安全和运营安全必不可少的内容。本条按桥梁的类型分别列出了施工期和运营期的主要监测项目。

9.5.8 温度因素是分析研究大桥结构及基础变形不可缺少的条

件。因此，桥梁有必要建立与变形监测同步的温度量测系统，以便掌握大桥及其基础内的温度分布与温度变化规律。水位和流速、风力和风向等是引起桥梁变形的外界因素。

9.5.10 对桥梁运营期的变形监测，要求每年观测1次或每年的夏季和冬季各观测1次，这是保证桥梁安全运营的常规要求。特殊情况发生时，应在此基础上适当增加观测次数。

9.6 隧道监测

9.6.1 隧道结构形成后，应持续进行隧道结构的长期监测。当安全保护区内有外部作业时，应进行结构的工程影响监测。

上海地区的隧道主要有轨道交通区间隧道、公路隧道、电力隧道、原水或排水隧道等。截至2016年年底，上海地区有超过800km(折合成单线长度)地铁隧道，有长江隧桥、打浦路隧道等跨江跨河隧道近20条，及外滩通道、中环路隧道等大量市政隧道。地下隧道大部分为盾构隧道，也有外环隧道为沉管隧道。前期建设的地铁隧道大部分为内径5.5m(外径6.2m)的通缝隧道，也有内径5.5m(外径6.2m)的错缝隧道，近年运营地铁新线隧道为内径5.9m(外径6.6m)或内径10.8m的大圆盾构隧道。公路隧道大多为内径大于10m的大圆隧道。

上海地区的隧道结构赋存于脆弱的淤泥质软土地质条件中，结构受建设质量、埋设地质条件、赋存环境、运行中的反复振动及动静荷载等影响，建成后结构整体沉降、差异沉降以及隧道结构的管径收敛变形等问题长期存在；较大的结构变形易导致地下轨道结构开裂渗水；当结构变形超过设计标准时，将对列车运营的舒适性产生影响，还会影响线路使用寿命，甚至对运营安全造成威胁。以某市1995年建成的某条轨道交通线为例，通车运营至2013年的近18年内，已产生较大的沉降，局部变形是一个长期的过程，并且差异沉降明显，局部隧道已进行过结构加固。

隧道的开通运营极大地改善了沿线区域的交通状况，导致沿线地价升值、邻近地铁的外部施工活动频繁。长期的实践经验表明，隧道结构的变形受邻近施工活动的影响显著，邻近工程的堆载、卸载、桩基施工、基坑开挖、爆破、顶进、灌浆、锚杆等外部作业均可能对轨道交通结构产生相应变形影响。

隧道结构监测主要分长期监测和相邻影响监测两类。隧道结构监测的主要测项有沉降监测、管径收敛监测、水平位移监测和裂缝监测。

为保护隧道结构安全，轨道交通、公路隧道等设置了安全保护区。

9.6.6 上海市工程建设规范《城市轨道交通结构监护测量规范》DG/TJ 08－2170－2015 结合现有城市轨道交通隧道断面形式、道床分块长度的结构特性，要求监测点应符合以下要求：

1） 隧道段监测点应在每幅道床结构块两端各埋设 1 个监测点（距伸缩缝间隔约 0.3m），幅内按 5 环或 6m 左右间距布设 1 个监测点。隧道的洞口、旁通道对应位置应布设沉降监测点。监测点布设于轨枕中间，顶部略高于道床面。

2） 地下车站沿上、下行每 5m～10m 布设 1 个监测点。

3） 明挖结构（车站、风井、盾构井）与区间隧道交接处、隧道与联络通道处、桥梁与地下结构的接驳处应布设差异沉降监测点。

4） 联络通道处的隧道结构应布设 1 个监测点。为监测联络通道和隧道的差异沉降，沿联络通道的中线宜按 4m～5m间距布设监测点。

5） 采取高等减震措施、特殊减震措施（弹簧浮置板）的结构区段，监测点应布设在隧道段的衬砌结构上。

隧道断面形式、道床分块长度发生变化后，监测点布设宜适应结构监测的新要求。

9.6.10 隧道变形监测的频率，宜根据地质条件、结构形式、环境复杂程度确定，并满足相关养护标准或委托要求，相近的地方标准有以下两部：

1 上海市工程建设规范《隧道养护技术规程》DG/TJ 08－2175－2015

该标准对市政隧道监测频率要求的相关条款如下：

第3.6.1条要求："1)盾构法隧道沉降检测的周期应为每季1次；2)发现隧道有突变、本次沉降量大于前两次检测平均值2倍以上或隧道保护区域内有地基施工等异常情况应增加检测频率。"

第3.6.2条，对盾构法隧道收敛检测的要求："1)在隧道通车前，应进行第一次全线所有测点的测量，得到测量的初始值；2)监测频率应为第一年每季1次，以后为每半年1次。"

第3.7.1条沉管隧道沉降移检测："1)沉管隧道建成早期沉降未稳定(宜为2年内)，检测频率为每2周1次；2)沉降基本稳定后(宜为2年后)，检测频率为每季1次；3)在发现结构沉降变化速率发生异常时，应增加检测频率。"

第3.7.2条沉管隧道水平位移检测："1)检测频率初期(一般为2年)为每月1次，以后为每季1次；2)在发现结构沉降变化速率发生异常时，应增加检测频率。"

2 上海市工程建设规范《城市轨道交通结构监护测量规范》DG/TJ 08－2175－2015

在轨道交通保护区内有外部作业时，该标准附录G对"工程影响监护测量"的观测频率进行了明确规定。对长期监测频率，也有以下相关频率要求：

> **4.1.5** 长期监护测量的观测频率不宜低于表4.1.5的规定。每年度应在大致相当的时段内完成各区段、各观测项目的观测。重点段加密测量的观测频率应根据结构特征、变形量、变形趋势及病害危重程度等因素综合确定。

表 4.1.5 长期监护测量观测频率要求

观测项目		观测频率
沉降测量	地下车站和区间隧道	1次/半年
	高架道床及立柱	1次/年
收敛测量		1次/年
线路巡检		1次/月

注:1 试运营前应完成第2期的观测,试运营期间宜加密观测。
2 线路巡检发现安全保护区内新增施工作业或地面标高明显变化时,应及时进行巡检测量。

9.7 水利与水运建(构)筑物监测

9.7.1 本条给出了水利与水运建(构)筑物及其附属设施的开挖场地、围堰、坝体、涵闸、船闸、防汛墙和水库大堤、库区,在施工和运营期间的主要监测内容。

就大型水利与水运建筑物的变形监测而言,本标准提倡采用自动化监测手段。如中船长兴造船基地一号线坞口水上深基坑施工监测项目、青草沙水库大堤施工监测项目就采用自动化监测。但对一些关键部位的自动化监测设施,在应用初期,有必要采用与人工测读同步进行的方法,以便得到完整、准确、可靠的监测数据。

9.7.2 施工期变形监测是为保证施工安全而进行的阶段性变形监测。监测内容和监测精度是参照现行国家标准《工程测量规范》GB 50026、现行行业标准《建筑变形测量规范》JGJ 8 和现行上海市工程建设规范《基坑工程施工监测规程》DG/TJ 08－2001 对本标准相关内容进行修订的。实际监测时,应根据表 9.7.2 中位移量中误差的限值,选取满足精度要求的量测仪器与方法。

9.7.3 混凝土水坝变形监测、防汛墙变形监测、水库大坝混凝土芯墙变形监测的精度要求,应符合表 9.7.3 要求;对特殊变形监测要求较高的防汛墙、水库大坝混凝土芯墙水平位移监测的测量中误差可提高至2.0mm。

堤坝工程属土坝或夹防渗心墙，变形监测的精度要求一般相对较低。具体监测精度可根据堤防工程的级别、堤形、设计要求和水文、气象、地形、地质等条件综合确定。

9.7.4 本条是堤坝变形观测点布设的基本要求，监测断面及观测点的布置，宜遵循少而精的原则。

9.7.5 堤坝的变形监测周期，一般由设计单位提出，本条为一般性规定。

在第4款中所列几种情况，是针对水库大坝变形的最敏感时期，要求增加观测次数，以取得完整有效的分析数据，也可对主体工程设计做进一步验证。

9.7.6 大型涵闸监测的精度指标，是参照混凝土坝变形监测的精度要求确定的。

9.7.7 其他水利与水运建(构)筑物的变形监测，可根据各自特点，依据现行行业标准《建筑变形测量规范》JGJ 8开展。